# NOTICE

SUR

# DIEPPE, ARQUES

ET QUELQUES

# MONUMENS CIRCONVOISINS.

Les exemplaires exigés par la loi ont été déposés.

Tout contrefacteur ou débitant de contrefaçon de cet ouvrage sera poursuivi suivant la rigueur des lois.

PARIS. — IMPRIMERIE DE J. TASTU,
RUE DE VAUGIRARD, N. 36.

# NOTICE

SUR

# DIEPPE, ARQUES

ET QUELQUES

## Monumens circonvoisins;

## PAR P.-J. FERET.

Laudabunt alii claram Rhodon aut Mitylenem.
HORAT. lib. 1.

————◦∞◦————

*34639.*

## A DIEPPE,

CHEZ MARAIS FILS AINÉ, ÉDITEUR, GRANDE RUE, N° 127.

## A PARIS,

CHEZ BÉCHET AINÉ, LIBRAIRE, QUAI DES AUGUSTINS, N° 57.

———

## 1824

# NOTICE

SUR

# DIEPPE, ARQUES

ET QUELQUES

## MONUMENS CIRCONVOISINS.

Laudabunt alii claram Rhodon aut Mitylenem.
HORAT. lib. 1.

───◦◦◦───

Nous cédons aux sollicitations de personnes recommandables qui, sachant que nous nous occupons de recherches sur l'histoire de Dieppe et de ses environs, nous ont prié d'extraire de notre recueil une notice, qui pût être offerte aux étrangers que différentes causes amènent dans nos murs.

Il existe des Mémoires, imprimés, *pour servir à l'histoire de Dieppe et de la navigation :* malheureusement l'auteur s'est contenté de puiser dans des chroniques manuscrites qui ne présentent, pour les temps reculés, aucun caractère d'authenticité, et que nous avons trouvées fausses sur plusieurs faits que nous avons déjà vérifiés.

Lorsqu'il publia son ouvrage, on n'avoit point encore découvert quelques antiquités

qui jettent sur notre territoire un nouvel intérêt. Il y a deux ans, M. SOLLICOFFRE, commis-
saire-inspecteur des antiquités du département
de la Seine–Inférieure pour notre arrondisse-
ment, fit un rapport sur des tombeaux et un
pavé mosaïque trouvés près de Sainte–Marguerite–sur–Mer, à 3 lieues ouest de Dieppe,
et non loin du phare d'Ailly. On peut être
porté à croire que c'est la véritable place de
la station dont parle Danville. « On connoît,
» dit ce savant géographe, des vestiges de
» voies romaines qui partent de Lillebonne :
» il y en a une qui se termine au bord de la
» mer à *Oistre-tat* ou Etretat, entre la pointe
» nommée le Chef-de-Caux et Fécan, et que
» l'on peut conjecturer avoir été un port, *sta-*
» *tio,* du temps des Romains. Une autre route
» tend vers le Nord, dirigée par Grainville
» surnommée la Teinturière, et en prenant
» cette route, la distance de 20 lieues gau-
» loises que donne la table (théodosienne),
» entre Juliobona et la position anonyme, fait
» rencontrer le bord de la mer aux environs
» de *Veules* (1). »

(*Danville*, au mot *Gravinum.*)

---

(1) *Veules,* à 4 lieues O. de Dieppe. « *Veules* est un
» petit bourg situé sur le bord de la mer, entre la ville
» de Saint-Valeri-en-Caux et l'embouchure de la ri-
» vière de Dun ; il n'y a rien de remarquable qu'une
» petite rivière, qui prend sa source à l'embouchure du
» bourg même, dont l'eau est très-claire et très-bonne
» à boire ; mais qui n'a pas un quart de lieue de cours

A. Noré del.

Lithno de C. Motte.

Mosaïque de S.te Marguerite sur Mer.

4 Piedi

Le pavé mosaïque est d'un assez bel effet ; les couleurs qu'on y remarque sont le bleu foncé, le rouge pâle et le blanc. Le dessin que nous en donnons nous dispense d'en faire une plus longue description.

La terre qui le recouvre étant consacrée à la culture, on ne s'est pas permis une fouille assez étendue pour le mettre tout-à-fait à nu. Les mêmes raisons ont empêché les explorations qui auroient pu donner des renseignemens sur l'espèce de constructions auxquelles ce pavé a dû appartenir. Sans vouloir rien préjuger, nous serions assez portés à croire qu'il y eut, jadis, aux environs, des bains alimentés par les eaux d'une source voisine.

Ces ruines peuvent être à trois cents toises du bord de la côte, sur une éminence qui domine la partie nord de la vallée de Saâne. Au pied, vers le rivage, est un corps-de-garde placé sur un terrain que la mer bat quelquefois. C'est au milieu d'une tempête que, les vagues détachant une partie du sol,

---

» aussi, dans le pays, compare-t-on à cette rivière ceux
» qu'on dit n'être bons que pour eux-mêmes. »
(Dom DUPLESSIS, Descr. de l. H. Norm. au mot Veules.)

Le même écrivain donne au mot *Veules* une étymologie celtique. « *Waël*, dit-il, signifie *puits* ou *une fontaine*, et ce nom est demeuré au village de *Veules*. » D. Duplessis ne parle pas des charmantes cressonnières dont on envoie, dit-on, les produits jusqu'à Paris.

* trois tombeaux en gypse croulèrent et furent recueillis par les préposés aux douanes. Ces tombeaux, dont le couvercle présente un double talus, n'offrent aucune inscription. Ils renfermoient des ossemens dont quelques-uns paroissent avoir appartenu à un individu de très-haute stature (1). On a trouvé aussi, dans ces lieux, des restes d'armures rongées de rouille, des fragmens de vases et quelques médailles. Nous en avons vu deux assez bien conservées : l'une est un *Marc-Aurèle*, l'autre une *Lucille*, *épouse de L. Ælius.*

Plus loin, toujours sur le bord de la côte, est une ferme nommée *Saucemare.* M. SOLLI-COFFRE a encore trouvé, dans le val où cette ferme est placée, et sur le rivage de la mer, sous le galet, des ruines romaines. Cette nouvelle découverte pourroit jeter de l'incertitude sur la vraie position de la station ano-

---

(1) Scilicet et tempus veniet cùm finibus illis
  Agricola, incurvo terram molitus aratro,
  Exesa inveniet scabrâ rubigine pila,
  Aut gravibus rastris galeas pulsabit inanes,
  Grandiaque effossis mirabitur ossa sepulcris.
VIRG. Georg., lib. 1.

Un jour le laboureur, dans ces mêmes sillons
Où dorment les débris de tant de bataillons,
Heurtant avec le soc leur antique dépouille,
Trouvera, plein d'effroi, des dards rongés de rouille;
Verra de vieux tombeaux sous ses pas s'écrouler,
Et des soldats romains les ossemens rouler.
Trad. de DELILLE.

nyme de Danville; cependant, si le terrain
n'a pas été changé par les envahissemens de
la mer, la vallée de *Saâne* paroît plus propre à l'établissement d'une station. Aujourd'hui, l'aspect du val a quelque chose
de triste et de sauvage, et l'on est étonné,
en quittant une riche campagne, de rencontrer une habitation dans un séjour qui offre
si peu d'attraits et de commodité. Les cendres
d'hommes, qui faisoient partie d'une nation
qui n'est plus, reposoient ignorées dans ce
val solitaire. La main de l'archéologue a trou-
blé, quelques instans, le repos qui les entou-
roit depuis tant de siècles; mais c'étoit pour
leur rendre un hommage religieux et inter-
roger leur histoire. Des ossemens étoient con-
tenus dans une urne qui renfermoit un sym-
bole dont l'explication nous est encore in-
connue (1). Tout près on a recueilli une mé-
daille presque fruste, que nous croyons
être celle qui est décrite comme fort rare,

---

(1) Il est en bronze, et formé d'un anneau inégal
dans sa grosseur, traversé par une petite branche cylin-
drique, placée de manière que la partie supérieure
touche le dessus de l'anneau, et que l'autre passe des-
sous. Aux deux points de contact on aperçoit sur la
branche deux petites moulures : la partie supérieure qui
dépasse l'anneau présente quatre divisions, qui, après
être parties d'un centre commun, vont légèrement en
pointe, et offrent chacune deux facettes. En retournant
la petite branche, les quatre angles n'ont plus le même
aspect; ceux qui vont horizontalement forment un relief
sur l'angle supérieur, qui seul, de ce côté, présente
une surface plane.

au tome second , page 341 d'Anselmus Ban-
duri : *Deux victoires avec la tunique relevée,
marchant l'une vers l'autre, une couronne de
laurier à la main droite, une palme dans la
gauche. Au bas on lit SLC.* On distingue de
l'autre côté la tête de *Flavius Claudius Cons-
tantinus,* autrement *Constantin le jeune.* On
a également trouvé quelques fragmens de vases
ornés de filets étrusques et de figures en relief.

La même espèce de vases , mais d'un travail
et d'un dessin plus finis , se rencontre dans des
ruines pareillement romaines que nous avons
découvertes, l'hiver dernier, dans la vallée de
Dieppe , au pied du coteau de Neuville. Nous
les avons indiquées sur notre plan. Ces vases,
dont nous possédons de beaux fragmens, sont
d'une terre rougeâtre et très-fine. Nous en
avons de couleur ardoisée, trouvés dans le
même terrain, et qui semblent être des débris
d'urnes cinéraires.

Le savant M. *Louis* ESTANCELIN est le premier qui ait signalé l'existence de monumens
romains sur nos côtes. En faisant travailler
dans le *bois l'Abbé,* sur un mont près de la
ville d'Eu , il découvrit les restes d'un temple,
et d'autres constructions dont l'une paroît offrir l'enceinte d'un amphithéâtre. Il est assez
porté à croire que ces ruines sont celles de la
ville d'*Auguste des Ambiens* qu'Adrien, de Valois, a placée au Bourg-d'Ault. Malheureusement, il s'est vu forcé d'abandonner des fouilles
qui promettoient de précieuses révélations.

L'histoire de ces monumens exige de longues

recherches. Plusieurs personnes, très-versées dans ce genre d'étude, veulent bien nous communiquer leurs observations ; mais nous sommes trop peu avancés dans ce travail lent et difficile, pour oser nous permettre de donner notre opinion. Seulement on peut présumer que la destruction de ces établissemens appartient à l'époque où les Saxons portèrent le fer et le feu sur notre rivage, qui alloit oublier le commandement des Césars. La vue de ces ruines nous confirme, pleinement, les tristes récits des écrivains contemporains : «Quand l'Océan » entier, dit l'un d'eux, auroit inondé les Gau- » les, il n'y eût point causé de si horribles » ravages que cette irruption (1). »

Ce fut, peut-être, la main sanglante de ces Saxons qui éleva près de Dieppe les retranchemens que l'on voit dans la plaine, au-dessus du petit village de Puys. A une demi-lieue nord-est de Dieppe, sur le bord de la côte, est un vaste terrain presque inculte, entouré de hauts remparts de terre. Cette enceinte porte le nom de *Cité de Limes*, et est plus connue encore sous celui de *Camp de César*. L'abbé Fontenu qui avoit fait une étude particulière de la castramétation des anciens, visita, dit-il, ce monument en 1740. Il trouva que les remparts étoient coupés à la manière antique ; mais il ne reconnut nullement l'assiette d'un camp romain. Selon lui, les retranchemens, vu leur hauteur qu'il estime avoir été

---

(1) Pros. prov. pr., p. 519.

de 40 à 45 pieds, et les fossés, en considérant leur profondeur, ne peuvent appartenir à un camp. Il pense qu'il existoit en ce lieu non pas un camp, mais bien une ville ou bourg, *Cité de Limes* (1), *Civitas Limarum*, qu'on trouve notée dans une ancienne carte de Normandie, sous le nom de *Cité d'Olime* (2).

D'autres écrivains ont rapporté la dissertation de l'abbé Fontenu, et ont joint à leurs ouvrages un plan qui a un grand rapport avec celui qu'a donné le savant abbé. Nous devons faire observer que nous avons cherché vainement les restes de maçonnerie qui sont indiqués dans ces plans.

Il est encore quelques antiquaires qui prétendent que ces remparts appartiennent à un campement des Romains. Nous pensons que cette opinion est difficile à soutenir devant ceux qui ont quelques notions sur la manière

---

(1) Quelques auteurs graves, sans compter plusieurs chroniqueurs du pays, ont parlé de cette *cité de Limes*, à laquelle Dieppe auroit succédé ; mais rien n'est encore plus obscur que cette histoire : nous ferons tous nos efforts pour l'éclaircir dans l'ouvrage sur Dieppe, dont nous nous occupons depuis long-temps. Ce seroit en vain qu'on voudroit s'aider pour appuyer cette tradition d'une inscription sépulcrale qu'on lit sur une pierre qui sert de table d'autel à Martin-Eglise. M. Lecat paroît avoir tranché la difficulté, et M. A. LEPRÉVOST a fait faire des recherches qui confirment que la ville de *Limes*, dont le nom se trouve sur la pierre, d'ailleurs fort belle, est une ville d'Angleterre.

(2) Mém. de l'Acad. des inscript. et bel.-lett., t. x.

de camper du peuple conquérant. Cet établissement militaire, selon la remarque d'un
homme fort instruit, ressembleroit plutôt à
un *Oppidum* (1) des Gaulois, qu'à un camp des
soldats de Rome.

Nous ne réfuterons pas ici les conjectures
d'hommes auxquels ces connoissances paroissent étrangères. Nous nous arrêterons encore moins à ce qu'avance l'auteur des *Mémoires chronologiques* (2), qui laisse entrevoir
que Charlemagne a pu « faire camper en cet
» endroit les troupes qu'il destina pour cons-
» truire le fort de Bertheville; » et ce fort de
Bertheville, selon lui, c'est le château de
Dieppe.

Le mot *deep*, dans les langues du Nord,
signifie *profond*. Une des rivières qui coule
dans la vallée a porté ce nom long-temps avant
l'existence de la ville à laquelle elle l'a donné.
Cette ville est assise sur un sol d'alluvions,
produit de la destruction des côtes voisines
qui, depuis un temps indéfini, cèdent aux efforts

---

(1) Retraite fortifiée qui servoit à toute une peuplade.

(2) Nous n'avons nullement l'intention de déprécier
l'ouvrage de M. Desmarquets. Nous nous faisons, au
contraire, un devoir de rendre justice au civisme dont
ses pages sont pleines. Il est probable que c'est à cet
écrivain estimable que Dieppe devra un jour la conservation de pièces historiques fort intéressantes. Nul
doute que si M. Desmarquets se trompe, il n'a voulu
tromper personne : la simplicité de son style, simplicité
qui n'est pas dépourvue d'agrémens, est une garantie
de sa sincérité.

des vagues amoncelées par les vents impétueux de l'ouest (1).

Les chroniques manuscrites et imprimées
donnent à nos murs une origine beaucoup plus
reculée que celle qui nous est indiquée par
nos recherches historiques. On lit, dans ces
recueils, que le château de Dieppe fut bâti
par Charlemagne, et qu'il reçut, ainsi que la
ville naissante qu'il protégeoit, la dénomination de Bertheville, à cause du nom de Berthe
également porté par la mère et la fille de cet
empereur. On y lit encore que le même prince
fit jeter les fondations d'une abbaye sous l'invocation de sainte Catherine, là où s'élève
aujourd'hui l'église de Saint-Jacques; que
bientôt les Normands s'emparèrent du château de Bertheville, pillèrent les habitans
qu'il défendoit, ruinèrent l'abbaye; que s'é-
tant établis ensuite dans leur conquête, ils lui
donnèrent le nom de Dieppe : ce qui dut avoir
lieu vers l'an 911, lorsque le traité de St.-Clair-
sur-Epte eut été ratifié sous le sceau du ser-
ment.

Les vieux historiens de Normandie ne disent
pas un mot du ravage de Bertheville. Dans
cette précieuse collection, cependant, la marche des hommes du Nord est marquée avec
la plus grande exactitude : l'écrivain, dans
son effroi, compte chaque victime, et chaque

---

(1) *Voy.* le Mémoire de l'ingénieur Lamblardie, sur
les côtes de la Haute-Normandie.

victime reçoit un ample tribut de lamenta-
tions.

Rien , dans ces historiens, n'annonce l'existence d'une ville ou d'un château nommés Bertheville; il n'y est jamais parlé de la
ville de Dieppe ou de sa forteresse, mais
bien de la rivière de ce nom.

En 967 ou 968, Richard I<sup>er</sup>, se rendant à une
entrevue que Lothaire lui avoit demandée, fut
sur le point d'être victime de la perfidie de
ce Roi. Il lui fallut combattre *aux issues de la
petite rivière de Dieppe*, *ad fluvioli Depæ exi-
tus*. Son bouillant courage l'entraînoit, mais
ses vieux compagnons craignant, qu'il ne suc-
combât dans cette lutte inégale, le forcèrent,
avec bien de la peine, à se retirer promptement à Rouen (1).

La charte de fondation de la Trinité du
mont Sainte-Catherine près de Rouen, par
Goscelin, que quelques-uns disent vicomte
d'Arques, nous apprend qu'en 1030 il y avoit
à l'embouchure de *la Dieppe* cinq salines (2)
et cinq masures, produisant à ce monastère
un revenu annuel de cinq mille harengs
saurs (3).

---

(1) Dudon de Saint-Quentin, lib. III, p. 140, 141, ap.
Duchesne.

(2) On voit dans la prairie, en suivant le chemin
d'Arques, à peu près à six cents toises des murs de
Dieppe, une élévation de terre qui servoit à exposer le
sel aux rayons du soleil.

(3) Charte de la fondation du monastère de Sainte-
Catherine-lez-Rouen.

Cette charte semble nous reproduire l'aspect qu'offroit alors le bas de la vallée d'Arques : des marais salans, quelques masures, et peut-être quelques barques de pêcheurs retirées dans un lieu auquel on ne peut encore donner le nom de port.

« Dans la sixième nuit de décembre 1067,
» Guillaume-le-Conquérant se rendit à l'em-
» bouchure de la rivière de Dieppe, au de-là
» de la ville d'Arques, et, à la première veille
» d'une nuit glaciale, il abandonna ses voiles
» au souffle d'un vent austral. Le lendemain
» matin, après une heureuse traversée, il
» aborda sur le rivage opposé au havre, qu'on
» nomme *Wicenese* (1).

Nous ferons remarquer qu'il est ici question d'un second départ de Guillaume pour l'Angleterre, dont il étoit déjà maître (2). Ce passage nous paroît très-concluant, surtout de la part d'Orderic Vital, on sait combien il est prodigue de détails; s'il eût existé à l'embouchure de la Dieppe une ville, une forteresse, une construction qui eût mérité le nom de port, il n'eût pas manqué de le dire. Mais le lieu où Guillaume s'embarque, est si peu connu, qu'il est obligé d'ajouter *au de-là de la ville d'Arques*.

En effet, la ville d'Arques et son château,

---

(1) Ord. Vit. lib. iv, p. 509, ap. Duchesne.
(2) Ce fut de Saint-Valery-en-Somme, qu'il partit pour la conquête. ( *V.* les vieux hist. de Norm. ap. Duchesne. )

qui n'étoit construit que depuis quelques années, étoient les seuls établissemens de la con-
trée qu'on pût citer à cette époque. Nous ferons sur le château d'Arques un article spé-
cial.

Plus tard, nos vieux historiens, dans l'énu-
mération qu'ils font des châteaux pris, construits, réédifiés, détruits, ne parlent jamais de
celui de Dieppe. Ils s'arrêtent à l'époque où la
Normandie alloit perdre son indépendance et
passer sous le joug des François. Il semble,
selon la remarque de M. A. LEPRÉVOST, qu'ils
aient senti que l'historien doit laisser tomber sa
plume, lorsqu'il n'a plus de patrie.

Leur silence nous porte à croire, avec le
savant que nous venons de nommer, que l'origine de notre ville est postérieure à leurs récits,
et que Dieppe dut sa naissance aux fréquentes
communications qui s'établirent entre la Normandie et l'Angleterre. Effectivement, nous
voyons Guillaume-le-Conquérant encourager
ces communications : « Il ordonna que tous les
» ports, tous les chemins fussent ouverts aux
» commerçans, et qu'on ne leur fit aucune
» injure (1). » Nos murs pourroient donc être
regardés comme un monument élevé, par la
paix, à la gloire des Normands, vainqueurs
de l'Angleterre.

Ce n'est qu'en 1195, que la ville de Dieppe
commence à figurer sur les tables de l'histoire.

---

(1) Ord. Vit. lib. IV, p. 506, ap. Duchesne.

Philippe-Auguste la saccagea pendant ses adroites querelles avec Richard-Cœur-de-Lion. « Richard roi d'Angleterre, dit Rigord, ayant » assemblé de toutes parts une armée, assié- » gea le château d'Arques, que le roi des » François tenoit en état de défense ; mais peu » de jours après, le Roi de France survenant » avec cinq cents François, soldats d'élite, mit » en fuite tous les Normands, détruisit la ville » de Dieppe, en amena captifs les habitans, et » brûla leurs navires (1). »

D'autres écrivains du temps célébrèrent aussi la ruine de Dieppe : Guillaume-le-Breton la chanta dans ses vers. Quiconque connoît l'esprit d'adulation de ces chroniqueurs, ne peut s'arrêter aux épithètes de *très-célèbre*, de *très-opulente*, qu'ils donnent à la ville dont la destruction venoit de couronner les exploits de leur maître. Leurs narrations n'annoncent pas que Dieppe fût alors en état d'opposer une grande résistance. Elle n'en fut pas moins traitée comme une ville prise d'assaut. Mais hélas ! si l'on jugeoit des hommes, par les hommes de ces tristes siècles, on seroit tenté de les croire plus avides de sang que le tigre.

Dieppe, en 1196, renaissoit de ses cendres, quand Richard en fit la cession, avec quelques autres apanages, à Gautier, archevêque de Rouen, qui, en échange, donna au Roi l'île

---

(1) Rigordus de Gestis Philippi Aug. Francorum regis, t. 5, p. 39, ap. Duchesne.

d'Andely, où ce prince vouloit élever une forteresse (1).

Cet échange ne se fit qu'après de violens
débats qui pouvoient à cette époque avoir les
suites les plus sérieuses. Enfin, les parties s'ar-
rangèrent devant l'autorité du pape Calixte.
Un poëte contemporain, félicitant Gautier d'ê-
tre sorti victorieux de cette querelle, peint
Dieppe sous des couleurs qui conviendroient
mieux à un riant village qu'à une ville. Il l'appelle *le séjour du printemps*, *Depa locus ve-
ris* (2).

Les archevêques de Rouen n'eurent pas lieu,
dans la suite, de se repentir de la cession qui
avoit tant coûté à leur prédécesseur : les Dieppois, par leur industrie, leurs pêches, leurs
voyages sur mer, firent de leur port un des plus
riches entrepôts de l'Europe. Les archevêques
prélevoient des droits considérables sur toutes
les marchandises, il n'étoit pas jusqu'au filet
du plus pauvre pêcheur qui ne payât tribut (3).

(1) Le château *Gaillard*. Richard en avoit entrepris
la construction sans l'autorisation de Gautier, seigneur
du lieu. Le prélat mit toute la Normandie en interdit.
« Dieppe tout seul, dit don Duplessis, ne suffisoit donc
» pas alors, à beaucoup près, pour payer l'acquisition
» d'Andely, et par conséquent à la fin du douzième
» siècle, ce devoit être assez peu de chose. » Descript.
de la H. Norm.

(2) Du Moulin, hist. de Norm., p. 485 ; Robert. Cœ-
nal. de re Gallicâ, lib. IV, period. 8 ; Recueil gén. de
lettres patentes, fol. 1.

(3) Ce tribut ne fut d'abord qu'un don pieux. Il de-

C'est surtout sous le point de vue nautique,
que l'histoire de Dieppe doit offrir le plus haut
intérêt. Le perfectionnement de la navigation
a exercé une telle influence sur notre état so-
cial, et l'avenir qu'il nous a préparé est encore
si vaste, qu'il est intéressant d'observer les
premières courses de ces hommes intrépides,
voguant de découvertes en découvertes. La
part des marins Dieppois dans ce genre d'illustration utile, n'est pas encore appuyée d'assez
de preuves, pour que nous nous permettions
d'entrer, sur ce sujet, dans une dissertation
historique (1). Si Dieu nous accorde assez de
loisir, le moment viendra où nous exposerons

---

vint bientôt une dette dont on ne pouvoit plus s'affran-
chir. On l'appeloit *la coutume du Poisson.* Cette coutume étoit affermée 60,000 livres en 1766.

( *Note du manuscrit du prêtre Guilbert.* )

(1) Jean de Béthencourt, qu'on peut regarder comme
Dieppois, fit la conquête des Canaries en 1402. « Da-
» vity rapporte que ce fut, en juillet 1402, que les Isles
» Canaries furent découvertes par le baron Béthencourt,
» brave chevalier, seigneur de Grainville-la-Teintu-
» rière proche de Dieppe en Normandie, qui, le pre-
» mier de ces derniers siècles, donna courage aux Por-
» tugais et Castillans de faire nouvelles découvertes,
» après qu'ils eurent vu comme ce gentilhomme avoit
» heureusement découvert et conquis ces belles isles. »
La relation de la conquête des Canaries, comme le
disent les auteurs de la *Biographie universelle,* est le
plus ancien monument qui nous reste des établissemens
que les Européens ont faits outre-mer. Jean Ribaud
Dieppois, alla former une colonie dans la Floride en 1562.
Voir *les voyages fameux du sieur Vincent Le Blanc,* et
Jean de Laet, *Histoire du Nouveau-Monde.*

franchement le produit de nos recherches. Nous
serions au comble de nos vœux, si nous parve-
nions à démontrer un jour, que l'auteur *des Mémoires chronologiques pour servir à l'histoire
de Dieppe et de la navigation*, n'a point donné
dans une erreur patriotique, en publiant les
faits qu'il avance. S'il étoit vrai que les Dieppois eussent fréquenté les premiers les côtes de
la Guinée, précédé Gama sur les côtes de l'Inde,
et salué avant Colomb, de leurs cris de sur-
prise et de joie, les rivages d'Amérique; quelle
gloire, alors, n'appartiendroit pas à ce port
de Dieppe aujourd'hui si désert! La France,
qui, dans l'ère nouvelle, s'est placée au premier
rang dans les grandes conquêtes philantropi-
ques, pourroit se vanter encore d'en avoir ouvert la carrière. Malheureusement, de si beaux
titres sont peut-être perdus à jamais. L'incendie de l'Hôtel-de-Ville de Dieppe, lors du
bombardement de 1694, époque d'ailleurs si
funeste à la France, détruisit les archives où
l'on conservoit les preuves des découvertes de
nos navigateurs. L'auteur des Mémoires chronologiques n'a pu consulter lui-même ces importans documens, mais il a puisé dans les
mémoires manuscrits de citoyens qui avoient
joui de cet avantage. Nous ne ferons point
usage, en faveur de nos marins, de l'autorité
de quelques écrivains célèbres; nous nous con-
tenterons de répéter que Louis XIV se plaisoit
à reconnoître qu'ils avoient découvert les pays
les plus éloignés. Dans le préambule de lettres-
patentes données en 1668, pour l'établissement

d'un Hôpital général en la ville de Dieppe, après avoir déclaré que l'obéissance et une vie régulière sont surtout nécessaires dans un port de mer, car autrement les matelots oublient la discipline si utile sur un vaisseau ; ce prince ajoute : *Et comme il est de tout temps sorti de notre bonne ville de Dieppe les plus expérimentés capitaines et pilotes, et les plus habiles et hardis navigateurs de l'Europe, que ceux de ce lieu là ont fait les premières découvertes des pays les plus éloignés.........* A CES CAUSES, etc. (1)

A l'époque où ces lettres-patentes furent accordées, 1668, les Dieppois possédoient encore leurs archives. Nous devons croire qu'ils avoient appuyé leur requête, tendant à obtenir un hospice général, de pièces authentiques où leurs droits à la bienveillance du Prince étoient loyalement prouvés. Louis XIV, en leur accordant leur demande, se plaisoit à publier dans un acte solennel, *que de tout temps il étoit sorti de sa bonne ville de Dieppe les plus hardis et expérimentés capitaines, et que ceux de ce lieu là avoient fait les premières découvertes des pays les plus éloignés.*

M. *Louis* ESTANCELIN, dont les écrits seroient beaucoup plus connus s'il étoit moins modeste, a fait sur les découvertes des navigateurs Dieppois un mémoire du plus haut intérêt. Il a bien voulu nous en donner connoissance,

(1) Recueil de lettres-patentes, fol. 233.

ainsi que du Journal de Jean Parmentier (1).
Le hasard lui a procuré ce précieux manuscrit, qui étoit, pour ainsi dire, exilé à plus de
60 lieues de Dieppe. Heureusement, il se trouvoit dans les mains d'un homme capable d'en
apprécier toute la valeur. L'auteur des *Mémoires
chronologiques* a parlé des voyages de Parmentier, mais sans preuves ; ce qui ne lui est que
trop souvent arrivé. La découverte de M. Estancelin est d'un bon augure : elle permet d'es-
pérer qu'il est encore d'autres faits avancés
par notre auteur, et qui n'attendent que des
recherches pour être prouvés.

On peut voir dans l'église de Saint-Jacques,
fondée au treizième siècle, église qui offre de
beaux morceaux d'architecture sarrazine, et
dont la belle tour a une ressemblance frappante
avec celle de Saint-Jacques-de-la-Boucherie de
Paris (2), on peut voir, disons-nous, au-dessus

---

(1) Le capitaine Parmentier fit, en 1529, un voyage
dans l'Océan indien. Il y fit plusieurs découvertes. On
voit combien ces mers étoient peu connues de son temps.
Son journal commence ainsi : *Mémoire que nous issismes
du Havre de Dieppe, le jour de Pasques 28ᵉ jour de
mars 1529, environ deux heures après midi, et notre nef
la* PENSÉE *fut mise en rade honnétement sans toucher,
mais le* SACRE *toucha et ne put isser de cette marée et
issît et fut mis en rade la marée après minuit.*

(2) Une tradition populaire prétend que cette église
fut bâtie par les Anglois. Il est vrai qu'on fut long-temps
à la construire, et que quelque partie de cet édifice a
pu être élevée pendant qu'ils étoient maîtres de la moitié de la France. Cependant la date que nous avons, des

de la chapelle du Trésor, un bas-relief qui pourroit être un monument de la dévotion des anciens navigateurs Dieppois. Ce bas-relief n'a pas un caractère assez prononcé pour qu'on puisse expliquer facilement l'intention qui inspiroit le sculpteur. Nous croyons cependant qu'il mérite une attention particulière, et nous tâcherons de découvrir son origine. Dans les ornemens qui sont au-dessous, on reconnoît aisément un costume du quinzième siècle, celui dont se paroient indécemment les petits-maîtres sous Charles VII.

Observer la cause qui porta les marins de Dieppe à de hardies entreprises sur mer, est un vaste sujet de méditation. M. Capefigue, dans son *Essai sur les invasions maritimes des premiers Normands*, a cherché les causes qui portèrent les hommes du Nord à se presser, comme les flots de l'Océan, sur les côtes de la Gaule : peut-être retrouveroit-on dans les courses des Dieppois, des traces encore très-marquées du caractère entreprenant et des

---

différentes constructions, ne nous paroît pas s'accorder avec le temps de la domination étrangère. Nous ne connoissons pas l'époque de la construction de la tour qui dut s'élever lentement comme le reste de l'église ; mais nous serions fort étonnés, lorsque nous en considérons l'architecture, si elle n'étoit pas de beaucoup postérieure au temps que la tradition lui assigne. NOEL, dans son premier essai sur la Seine-Inférieure, dit que cette tour fut bâtie avec des pierres apportées d'Angleterre, et que c'est-là, sans doute, ce qui a donné lieu à la croyance populaire.

mœurs de leurs ancêtres. Robertson semble
avoir eu cette pensée, lorsque, parlant généralement de découvertes qui sont le but de
nos recherches, il dit : « Ces voyages sem-
» blent n'avoir été entrepris d'après aucun
» plan public et régulier tendant à donner
» plus d'étendue à la navigation et à tenter
» de nouvelles découvertes; c'étoient ou des
» excursions inspirées par cet esprit de pira-
» terie dont les Normands avoient hérité de
» leurs ancêtres, ou des entreprises commer-
» ciales formées par quelques marchands par-
» ticuliers, et qui attiroient si peu l'attention,
» qu'à peine en peut-on trouver quelque sou-
» venir dans les auteurs contemporains (1). »

Le cadre de cette notice ne nous permet
pas d'entrer dans l'examen de l'administration
civile de Dieppe. En déterminer le degré d'influence est encore le sujet d'un travail qui pas-
seroit les bornes que nous nous sommes prescrites aujourd'hui. Nous voudrions pouvoir
tracer en ce moment, d'une main tranquille,
l'historique de notre ville livrée à tous les
soins du commerce, essayant tous les genres
d'industrie, cultivant déjà les beaux-arts; nous
voudrions parler de ces élégantes sculptures
en ivoire, de ces vases brillans faits avec le
nautile (2); mais le bruit des armes nous
commande d'autres récits.

---

(1) Robertson, History of America, book 1.
(2) *Nautilus Pompilius*. Il y eut autrefois à Dieppe
une manufacture où l'on travailloit ce coquillage avec

Jeanne d'Arc avoit été immolée dans une ville voisine ; son bouclier ne couvroit plus la France ; cependant, prosternée aux pieds du Roi des Rois, elle l'imploroit en faveur de son ancienne patrie. L'Anglois perdoit chaque jour quelque chose de ses conquêtes ; la Normandie se souleva, et la révolte eut un succès prononcé dans le pays de Caux. En 1433, le maréchal de Rochefort, Gauthier de Brissac, et Charles Desmarets, dans une nuit, se saisirent de Dieppe sur les Anglois (1). Le mauvais état des finances, le défaut de troupes, les cabales qui régnoient à la cour de Londres, empêchèrent les capitaines de Henri VI d'essayer de le reprendre. Les lettres patentes de cette époque indiquent que notre ville n'étoit pas alors dépourvue de fortifications. Charles Desmarets, qui y commandoit pour le roi de France, eut le temps de les augmenter encore ; car, si les renseignemens que nous avons pu nous procurer jusqu'à présent sont exacts, ce fut lui qui fit bâtir une partie du château que l'on voit aujourd'hui (2).

---

beaucoup d'adresse ; on en faisoit des vases qui avoient quelque rapport avec la forme d'une lampe antique. Nous en possédons plusieurs qui sont ornés d'assez beaux dessins.

(1) Rob. Gag. lib. x, p. 215.

(2) Les Chroniques manuscrites comptent trois châteaux successivement construits avant celui qui existe : le premier par Charlemagne, le second par Rollon, le troisième, en 1188, par Henri II Roi d'Angleterre. Phi-

Ce ne fut qu'en 1442 que le général. Talbot chercha à remettre Dieppe sous l'obéissance de son prince. Le siége que soutinrent alors nos ancêtres se trouve d'une manière détaillée dans plusieurs historiens. Nous
donnons un récit qui s'accorde, à peu près,
avec tous, et dont le style est assez rapide :

« Les Anglois avoient investi la ville de

---

lippe Auguste, ajoutent les mêmes auteurs, le détruisit
en 1195. Nous avons déjà fait observer que le silence des
vieux historiens de Normandie, et le récit de la prise de
Dieppe par Philippe Auguste, nous permettoient de
douter de l'existence de ces forteresses. Une de ces Chroniques donne les détails suivans sur la construction du
château actuel.

« Vers l'an 1435, le roi Charles VII fit commencer
» celui qui subsiste encore. On ne bâtit alors que les
» trois tours rondes qui sont aux trois angles de la der-
» nière cour qui est presque toute quarrée et quelque
» chose des autres bâtimens qui y sont, ce qui ne fut
» achevé qu'en 1450, où l'on y mit garnison.

» Vers l'an 1574, on bâtit une forte muraille pour
» soutenir la terrasse de la troisième cour, elle est
» fondée sur un terrain avantageux. Les briques furent
» faites dans le fossé de la ville du côté de la prairie;
» et le Roi donna vingt-cinq arpens de bois de la forêt
» d'Arques pour aider à la dépense.

» On ne peut fixer le temps où ont été bâtis les autres
» ouvrages, comme les logemens ou casernes de la gar-
» nison et les grandes écuries au-dessus desquelles est
» le magasin d'armes. Il est à croire que ces bâtimens
» auront été faits au plus tard entre 1574 et 1660, comme
» le chemin pour monter au château n'a pu être fait
» qu'en 1562 lorsque l'ancienne église de Saint-Remy
» fut entièrement détruite.

» On y bâtit quelque chose du temps de M. de Sigo-
» gnes, mais ce ne fut que pour la beauté et commodité.

» Dieppe qu'ils tenoient bloquée en attendant
» de ‹nouvelles troupes qu'on levoit en An-
» gleterre. Ils avoient construit un fort, ou,
» comme on s'exprimoit alors, une grande
» bastille, d'où ils foudroyoient la ville avec
» une artillerie formidable (1). On comptoit
» jusqu'à deux cents pièces de canon, sans
» les bombardes d'une grosseur prodigieuse.

---

» Vers le mois de juin 1614, on couvrit d'ardoises la
» tour de l'ancien Saint-Remy, on la partagea en plu-
» sieurs étages et on y fit des cheminées. Le 25 juillet
» suivant, on y logea une compagnie de cinquante Suisses
» pour renforcer la garnison.
» Sur la fin de l'été 1625 et au commencement du
» suivant, on fit bâtir la haute et forte muraille qui
» soutient les terrasses de la plate-forme de la première
» cour, sur laquelle il y a une batterie de canons qui est
» auprès de la première porte, et qui domine sur la
» ville. En même temps, on fit l'autre muraille qui
» commence à cette porte et se continue jusqu'à la tour
» de l'ancien Saint-Remy, pour soutenir la terrasse de
» la seconde cour.
» Le 2 septembre 1692, on commença le bastion qui
» est au-dessous du château du côté de la mer pour dé-
» fendre le rivage. Depuis ce temps-là on y a construit
» une brasserie de bière, qui n'a jamais servi et qui a
» fait appeler cette place la Brasserie.
» Vers l'an 1730, on y bâtit le grand bâtiment de
» briques qui est depuis la troisième cour qui regarde
» la ville et l'orient, et où est le grand escalier pour
» monter aux appartemens de M. le gouverneur. »

( Chron. ms. )

(1) Gaguin indique que cette Bastille étoit placée sur
la côte du Pollet : le lieu qu'elle occupoit a conservé le
nom de *la Bastille*. Il ne parle pas de deux cents pièces
de canon, mais de beaucoup de machines de guerre.

» Le comte de Dunois, suivi d'un corps de
» mille hommes, entra dans la place. Sa pré-
» sence, secondée par la valeur du comman-
» dant Charles Desmarets, de la garnison et
» des principaux bourgeois, ralentit la viva-
» cité des attaques. Talbot, désespérant de
» s'en rendre maître, à cause de la rigueur de
» la saison, (on étoit alors au fort de l'hiver),
» laissa une partie de ses troupes pour gar-
» der les ouvrages du siége, et reprit la route
» de Rouen, en attendant le renfort que Jean,
» duc de Sommerset, devoit incessamment
» amener. A peine fut-il parti, que Dunois
» alla trouver le Roi en Poitou, pour le pres-
» ser d'envoyer du secours aux assiégés.
» Charles chargea le Dauphin son fils de
» cette expédition, et lui donna, en même
» temps, le gouvernement général des pro-
» vinces renfermées entre la Seine et la Saône.
» Seize cents hommes d'armes composoient
» toute l'armée du prince. Les comtes de Du-
» nois et de Saint-Paul, les seigneurs de Com-
» mercy, de Gaucourt, de Châtillon, de La-
» val, l'accompagnoient. Louis se présenta
» devant la bastille des ennemis à la tête de sa
» petite troupe. Il s'étoit fait précéder par un
» corps de trois cents hommes. Quoiqu'il eût
» de l'artillerie, il ne s'en servit pas, et l'on
» fit les dispositions pour emporter le fort par
» le moyen de l'escalade. On avoit, pour
» cet effet, construit des ponts roulans (1),

(1) On trouve dans les monumens de la monarchie
Françoise, la figure de ces ponts roulans. M. Desmarquets

» qu'on poussoit sur le fossé par le secours
» d'un avant-train, et dont l'extrémité qui
» devoit joindre le pied des remparts, étoit
» soutenue par des grues placées sur le re-
» vers du fossé. Des crans, d'espace en es-
» pace, servoient à retenir le pied des échel-
» les. Lorsque tout fut préparé, le Dauphin,
» à pied, au premier rang de sa troupe,
» s'avança, malgré une grêle de traits que
» les ennemis faisoient pleuvoir sur lui. Les
» François, qu'animoit l'héroïque intrépidité
» de leur prince, se surpassèrent eux-mêmes
» par des prodiges de valeur. Les Anglois ne
» témoignèrent pas moins de bravoure, et
» forcèrent les nôtres à reculer. Louis les ra-
» mène au combat. L'assaut recommence avec
» une nouvelle fureur. Cette seconde action,
» plus meurtrière que la première, décide
» la victoire. Cinq cents Anglois sont passés
» au fil de l'épée. La bastille est emportée;
» le reste de la garnison demeure au pou-
» voir du vainqueur. On envoie au supplice
» tous les François qui se trouvent mêlés
» parmi les ennemis, ainsi que quelques An-
» glois, qui du haut de leurs remparts avoient
» offensé le prince par des propos outra-
» geans. Le Dauphin, avant l'assaut, avoit
» armé chevalier le comte de Saint-Paul. Il
» prodigua les éloges et les récompenses à ceux
» qui s'étoient distingués dans cette journée.

---

dit que ces machines étoient de l'invention d'un Dieppois, constructeur de navires.

» Il ne se montra pas moins reconnoissant
» envers les habitans de Dieppe, qui pendant
» un siége de neuf mois s'étoient signalés par
» mille preuves de constance, de zèle et de
» courage. » (1) *et* (2)

La prise de la bastille de Dieppe fit beaucoup de bruit dans le temps; et lorsque le Dauphin, après s'être fait sacrer à Reims, fit son
entrée dans Paris, parmi les jeux et cérémonies
qui eurent lieu pour célébrer cette grande
journée, on donna un spectacle fort barbare,
si les récits des historiens du temps sont pris à
la lettre. « A la boucherie de Paris y avoit es-
» chauffaulx figuréz à la bastille de Dieppe. Et
» quant le Roy passa, il se livra illec merveil-
» leux assault de gens du Roy à l'entour des
» Anglois estans dedans ladicte bastille, qui fu-

---

(1) Continuation de Velly par Villaret, t. xv, p. 351.

(2) L'auteur des Mémoires chronologiques nous
montre, pendant ce siége, les femmes de Dieppe par-
tageant les périls avec leurs époux. Elles prenoient soin
des blessés, et, dans les assauts, elles apportoient des
munitions malgré le feu terrible des ennemis.

Nos annalistes rapportent encore que, pendant l'attaque de la Bastille : « Le clergé, les vieillards, les
» femmes et les enfans firent une procession par la ville,
» invoquant l'assistance de Dieu et de la Sainte Vierge,
» et qu'au plus fort du combat qui fut à midy, on sonna
» toutes les cloches des deux paroisses, comme aux
» veilles des fêtes solennelles; ce qui étonna tellement
» les Anglois, qu'ils crurent que c'étoit un renfort de
» nouvelles troupes; en sorte qu'ils commencèrent à
» perdre courage et plier sous les efforts des François,
» qui les pressoient de bien près. » Chron., ms.

» rent prins et gaignez, et eurent tous les gorges
» couppées (1). »

Il paroît que la défaite des Anglois devant
Dieppe arriva la veille de la fête de l'Assomption. Louis XI institua une procession que l'on
faisoit tous les ans dans la ville en l'honneur de
la Vierge. Les habitans furent de plus confiés
à la garde de Marie, et l'image de la Reine des
cieux étoit placée à l'entrée de Dieppe, sur le
cintre de la porte de la Barre, avec cette inscription dont on distingue encore quelques
légers vestiges :

> L'original de cette image
> Est un chef-d'œuvre si parfait,
> Que le Créateur qui l'a fait
> S'est renfermé dans son ouvrage.

La procession n'étoit pas le seul témoignage
de reconnoissance envers la protection céleste.
Les Dieppois donnoient ce jour-là des jeux
dévots, tels qu'on en voyoit à cette époque
dans plusieurs villes. Ces fêtes, inspirées par
l'enthousiasme du vieux temps, nous paroissent
aujourd'hui ridicules ; cependant elles offrent
un côté d'observation qu'il ne faut pas dédai-
gner. Rien de ce qui tient à l'histoire des sociétés ne doit être perdu : l'étude du passé
comparé avec les révélations journalières de
nos cœurs, forme le meilleur guide que nous
puissions suivre pour nous avancer dans l'a-

---

(1) Histoire de Louys unziesme, par un greffier de
l'hostel de ville de Paris, p. 21.

venir. Nous donnons un récit succinct de ces cérémonies.

« On choisissait, le jour de l'Assomption,
» plusieurs jeunes filles. La plus belle repré-
» sentait la Vierge, les autres les filles de Sion.
» Un prêtre et onze laïcs costumés en apôtres
» portaient la Vierge couchée dans un lit, en-
» vironnée du clergé, des minimes, des ca-
» pucins, et suivie des magistrats de la ville.
» Parmi eux, étaient mêlés des hommes char-
» gés de jeter aux spectateurs des poires
» molles.

» Cette procession se rendait dans l'église
» (de Saint-Jacques) dans laquelle était élevé,
» sur une tribune, un théâtre représentant le
» ciel. Un vieillard vénérable, coiffé d'une
» tiare, était assis sur des nuages, entouré d'é-
» toiles et surmonté d'un soleil d'or; c'était le
» Père éternel.

» Des marionnettes de grandeur naturelle
» figuraient les chérubins, parcouraient l'air,
» battaient des ailes, sonnaient de la trom-
» pette et faisaient jouer un carillon.

» Dès le commencement de la messe, deux
» anges descendaient, prenaient dans le chœur
» une effigie de la Vierge, et l'enlevaient dans
» le ciel, où le Père éternel la couronnait en
» lui donnant sa bénédiction. Pendant toutes
» ces cérémonies dramatiques, un personnage
» nommé *Gringalet* (1) égayait la fête, en fai-

(1) Nos manuscrits disent *Grimpesulais*.

» saut des grimaces, des contorsions et des
» culbutes (1). »

Nos chroniqueurs, qui ont donné une fort
longue description de ces jeux, parlent des
cris « qu'excitoit le badin *Grimpesulais*, lors-
» qu'il disparoissoit, chacun s'écriant : *Il est*
» *mort! il est mort!* Lorsqu'il se relevoit, cha-
» cun s'écrioit : *Le voilà! le voilà!* ce qui
» étant crié à pleine gorge, par toute cette mul-
» titude de spectateurs, causoit de grands
» désordres (2). »

Nous croyons inutile de faire remarquer le
rapport qui existe entre ce personnage co-
mique et le fou de l'ancienne comédie. Nos lecteurs ne reconnoîtront pas moins que les mé-
caniciens qui construisoient ces machines,
frayoient le chemin aux Vaucanson et aux habiles artistes de nos jours.

Au seizième siècle, vivoit à Dieppe un
homme fameux par ses richesses. Ses vaisseaux
naviguoient de toute part. Il fit la guerre pour
son compte; il la fit aussi contre les ennemis
de l'Etat. Ce favori de la Fortune qu'on peut
comparer, sous plus d'un rapport, à Jacques
Cœur, se nommait *Jean* ANGO. Il n'eut pas,
comme le ministre des finances de Charles VII,
à lutter contre les écueils de la cour; mais il
n'en fut pas plus heureux. Il obtint, plus d'une

---

(1) Dictionnaire critique des reliques au mot *Pro-
cessions.*

(2) Chron. ms.

fois, des marques de distinction de la part
de François I<sup>er</sup> qu'il avoit reçu à Dieppe,
lorsque ce prince y étoit venu. Nos chroniqueurs rapportent unanimement, qu'un de ses
navires marchands ayant été maltraité par les
Portugais jaloux, Ango arme une escadre
montée de huit cents hommes, qui, d'après ses
ordres, va ravager les bords du Tage. Le roi de
Portugal députa vers le roi de France pour
s'informer de la cause de ces hostilités, et le
monarque adressa l'envoyé au fier Ango, pour
en recevoir les explications que demandoit
cette puissance rivale.

François I<sup>er</sup>, voulant combattre sur mer
les Anglois, confia à Ango l'équipement des
navires que Dieppe vit sortir de son port.
Un poëte du *Puy*, établissement dont nous
parlerons, chercha, par les vers suivans, à
transmettre à la postérité ce que fit en cette
occasion l'armateur Dieppois :

> Ce fut luy seul, luy seul qui fit armer
> La grande flotte expresse mise en mer,
> Pour faire voir à l'orgueil d'Angleterre
> Que François étoit Roy et sur mer et sur terre (1).

Le roi l'avoit nommé Capitaine de la ville et
du château. Le malheureux Ango, aveuglé par
la prospérité, affecta les manières d'un des-
pote ; des gardes veilloient sans cesse à sa
porte, ses concitoyens ne pouvoient plus l'a-
border sans essuyer les plus rebutans mépris : il

_____

(1) Chron. ms.

se permit même un jour des voies de fait contre un des officiers de l'Amirauté. Une ligue se
forma contre lui. Peut-être se vengea-t-on d'un
moment d'erreur par l'injustice. On suscita à
Ango plusieurs affaires fâcheuses ; on le poursuivit avec acharnement ; on lui demandoit
compte de parts de prises qui avoient été faites
pendant la guerre. François I<sup>er</sup>, son protecteur, et qu'il appeloit ordinairement *son
Bon maître*, n'étoit plus. Ango fut condamné
à restituer des sommes énormes. Tout l'édifice
de sa fortune s'écroula. Il n'eut plus d'ami ;
il en cherchoit en vain près de lui, lorsque
Dieu l'appela dans un monde meilleur. Son
corps fut inhumé dans une chapelle de Saint-
Jacques qu'il avoit ornée pendant sa vie. On
lisoit sur la pierre de son tombeau :

*Dès ma jeunesse Dieu fut mon espérance.*

Ango habitoit à Dieppe dans une maison
qu'il avoit fait construire, là où l'on voit aujourd'hui le collége. Ce que les écrivains du
temps disent de l'architecture et des ornemens
de cet hôtel, fait regretter vivement qu'il n'ait
pas été conservé. Mais sa maison de campagne
à *Varangéville* (1), près de Dieppe, offre encore

(1) *Varangéville sur mer* est à une lieue et demie ouest
de Dieppe. La maison d'Ango y est connue sous le nom
du *château*. Il y a dans les bruyères de ce village plusieurs sources minérales dont on pourroit peut-être tirer
parti pour offrir aux étrangers deux établissemens à la
fois : les bains de mer de Dieppe et les eaux de *Varan-*

de beaux restes du style de cette époque.
M. Langlois, artiste des plus distingués, en a
parlé dans la préface de son livre intitulé : *Description historique des maisons de Rouen.* Nous
formons des vœux avec lui, pour que l'esprit
de conservation s'attache au manoir d'Ango.
C'étoit là que l'infortuné s'étoit retiré lors de
ses persécutions : là, comme à Saint-Fargeau,
seigneurie de Jacques Cœur, l'esprit peut se
livrer à de sévères réflexions.

Les marins de Dieppe, sous Ango, s'étoient
rendus redoutables aux Portugois ; ils ne l'é-
toient pas moins aux autres nations. « De 1555
» à 1556, dit Mézeray, les Dieppois qui ont
» toujours eu la gloire de la marine entre les
» François, ayant équipé dix-neuf vaisseaux
» de guerre et six huës, ce sont vaisseaux
» d'environ quatre-vingts tonneaux, avec les-
» quels ils ont accoutumé de couvrir ce trajet
» de mer d'entre la France et l'Angleterre qu'ils
» appellent la Manche, boucloient, pour ainsi
» dire, tous les hâvres des Pays-Bas. Une fois
» ils attaquèrent vingt-deux ourques flamman-
» des, chargées d'épiceries et d'autres mar-
» chandises, à la vue du port de Douvres.

---

*géville ;* c'est aux chimistes à décider si ces eaux ont les
qualités requises. Pour aller à Sainte-Marguerite, où
sont les antiquités romaines dont nous avons parlé, on
traverse Varangéville. On y passe encore pour se rendre
au phare du cap d'Ailly. Ce phare fut construit en 1775
par la Chambre de commerce de Normandie. On craint
que la mer, qui ruine continuellement la falaise, ne le
détruise avant quarante ans.

» Les ourques sont grands vaisseaux, haut
» élevés et fort longs, que les ennemis avoient
» équipés en guerre, si bien qu'ils étoient
» beaucoup mieux pourvus d'artillerie et d'ar-
» tifices que non pas ceux des Normands; mais
» avoient aussi moins d'hommes. Car les Hol-
» landois ont accoutumé de se battre à coups
» de canon, et les Normands estant allés tout
» d'uncoupàl'abbordage, et ayant cramponné
» quinze vaisseaux des ennemis, il y eut un fu-
» rieux et désespéré combat qui dura près de
» six heures sans relâche, les nostres s'efforçant
» de monter sur ces grands navires, le cime-
» terre à la main, et les Flammands soutenant
» leurs assauts, à coups d'arquebuses, de gre-
» nades et de piques. Enfin le feu s'estant mis
» dans ces vaisseaux, soit que les nostres lui
» eussent jeté, soit qu'il s'y fût pris par ha-
» sard, et desjà y en ayant cinq de part et
» d'autre tout en flame, ils se séparèrent
» de leur bon gré, non pas toutefois avec pa-
» reil advantage, car les nostres avoient gagné
» cinq vaisseaux qu'ils emmenèrent à Dieppe.
» Il mourut en cette mêlée de neuf cents à
» mille Flamands, quatre cents François,
» mais des plus braves, entre lesquels étoit
» leur général Espineville, natif de Honfleur,
» dont la perte rendit cette victoire peu agréa-
» ble au Roi (1). »

Tandis que les marins voguoient, combat-
toient, les citoyens sédentaires et paisibles s'oc-

(1) Mézerai, p. 665, 666.

cupoient à des entreprises locales de la plus
grande utilité. Ce fut également dans le seizième siècle, que l'on commença et que l'on
finit des travaux dignes des anciens. Une montagne entière fut percée pour donner passage
aux eaux d'une source abondante (1). Elles furent reçues à Dieppe dans un grand nombre
de canaux qui alimentèrent autant de fontaines.
On employa vingt-cinq ans à terminer cette
*conduite*. Les sinuosités qu'on remarque dans
le souterrain qui va d'une vallée à l'autre, annoncent les obstacles qu'on rencontra en le
creusant. « Cet important ouvrage, dit une
» ancienne chronique, se trouva achevé l'an
» 1558, et les eaux prêtes à couler dans la
» ville jusqu'à la fontaine du *Puits-Salé*, d'où
» on les fit sortir premièrement. Le clergé et
» le peuple se rendirent en procession en ce
» lieu, avec les croix et bannières; et lors-
» que l'eau commença à tomber du canal de
» cette fontaine, ils la reçurent avec beaucoup
» de cérémonies et d'actions de grâces qu'ils
» rendirent à Dieu, en reconnoissance de ce
» qu'il leur accordoit dans leurs besoins des
» eaux douces en abondance (2). »

Nous jouissons encore de ce bienfait de nos
ayeux : outre les fontaines publiques, il est
peu de grandes maisons qui n'en aient une

---

(1) Cette source est située au pied d'un coteau, au-
dessus du village de *Saint-Aubin-sur-Scie*, à travers
lequel passe la grande route de Dieppe à Rouen.

(2) Chron. ms.

particulière. Les fontaines de Dieppe sont aujourd'hui d'un style fort simple; mais l'auteur
que nous venons de citer nous apprend, qu'a-
vant le bombardement, il y en avoit une, dans
la place d'armes, qui passoit pour fort belle.
« Son chapiteau soutenu par quatre piliers de
» cinq pieds de hauteur, étoit orné, aussi bien
» que les soubassemens, de nayades, de
» nymphes, de figures d'ondes, mignarde-
» ment ciselées sur la pierre, et au-dessus il y
» avoit un dauphin portant un amphion que
» l'on dit avoir été fait pour honorer l'entrée
» de Charles IX en cette ville. » (1 et 2)

Nous avons parlé du courage et de la piété
de nos ancêtres; nous avons montré leurs
établissemens utiles; il seroit temps de parler
de leur littérature, s'il nous restoit quelque
chose de plus que les souvenirs qui ont sur-

---

(1) Chron. ms.

(2) Le Château, à cause de son élévation, ne put
avoir sa fontaine. La garnison, en cas d'attaque et si la
ville eût été occupée par l'ennemi, eût été obligée de se
servir d'eau de puits. Mais en 1618 on trouva, au bord
de la falaise, près de la chapelle de *Saint-Nicolas,* une
source dont on tira parti. Moïse Planquois, fontainier,
conduisit les eaux de la source jusque dans le château.
Le roi lui fit payer pour son travail et ses fournitures la
somme de 800 liv. (Chr. ms.)

La source dont la conduite est maintenant rompue,
étoit renfermée dans une citerne dont la voûte s'est
écroulée depuis quelque temps. La chapelle voisine est
peut-être l'église placée sur le bord de la mer, dont il
est question dans la charte de fondation *de la Trinité
du mont Sainte-Catherine de Rouen* en 1030.

vécu à leurs œuvres. Nous trouvons dans des
écrivains tout-à-fait étrangers à notre ville,
une mention distinguée du *Puy* (1) de Dieppe.
C'étoit une institution littéraire dont l'origine
est assez incertaine. Les Normands avoient un
goût décidé pour la poésie ; elle faisoit partie de
leur constitution guerrière ; elle les enflammoit
dans leurs terribles combats; elle immortalisoit
le héros mort au champ d'honneur. Leurs muses, qu'on a même comparées à celle d'Ho-
mère, les suivirent sur nos rivages; et il paroît que ces fières étrangères eurent une influence marquée sur la littérature des peuples
voisins (2). Il n'est donc pas étonnant de trouver dans la nouvelle patrie des hommes du
Nord, alors qu'ils eurent formé des établissemens durables, il n'est pas étonnant, disons-
nous, de voir quelques-unes de leurs villes
devenir le sanctuaire de ces inspirations célestes qui les avoient conduits dans tant d'entreprises, et dont leurs âmes encore exaltées
avoient toujours besoin. Mais ces poésies,
selon les circonstances, durent éprouver des
modifications : la nation étant moins guerrière, les muses devinrent plus tendres ; elles

---

(1) *Puy* vient du *podium* des Romains. Le *podium*,
selon Vitruve, étoit le lieu élevé devant l'orchestre, où
se plaçoient les Consuls et les Empereurs. (Dict. de
Trév., au mot *Puy. Voy.* aussi le Glossaire de la langue
romane, au même mot. )

(2) M. Cappefigue a traité cet intéressant sujet dans
son Essai sur les invasions des Normands.

mêlèrent aussi à leurs accens quelque chose
de la gaîté qu'inspire un ciel plus serein ; le
christianisme, à son tour, leur enseigna des
tons plus purs et plus solennels. Au jour de
la cérémonie les poëtes s'avançoient la tête
ceinte d'une couronne de roses ; mais le vainqueur en recevoit une bien plus belle que les
autres : il la recevoit des mains de sa maî-
tresse (1). Les manuscrits qu'on nous a com-
muniqués ne nous donnent aucune pièce de
vers, du *Puy* de Dieppe, qu'on puisse citer.
Peut-être, la main du temps les a-t-elle tout-à-
fait effacées ; peut-être trouverons-nous de ces
monumens oubliés, comme tant d'autres, dans
des villes étrangères. Nous ne savons, au juste,
quels sujets l'on traitoit le plus souvent au *Puy*
de notre ville ; toutefois nous pensons qu'il
s'appeloit *le Puy de la Conception*. Vace,
poëte normand du douzième siècle, nous a
donné l'origine des institutions de ce nom. Ce
fut à l'occasion de l'apparition miraculeuse
de la Vierge à un abbé, que Guillaume-le-
Roux avoit envoyé en Danemarck (2).

Les opinions religieuses étoient au seizième
siècle livrées à de grandes controverses : on y
prenoit part avec toute la chaleur de l'inex-
périence. Plusieurs causes tendoient à produire
dans nos murs l'agitation qui régnoit sur plusieurs points de l'Europe. Les esprits sont portés à la dévotion dans les ports de mer ; la

(1) Même ouvrage, note de la page 326.
(2) Même ouvrage, même note.

navigation qui met en communication avec
tant de peuples divers, donne à l'esprit des
idées plus générales ; elle produit dans les for-
tunes une aisance qui rend l'homme plus in-
dépendant, et lui permet de se livrer à des
sujets de métaphysique. La réformation fut
introduite dans Dieppe, par un petit libraire
colporteur, nommé Vénable. Il vendit des livres où la doctrine nouvelle étoit expliquée ;
elle trouva des sectateurs ; bientôt il se tint des
assemblées secrètes ; enfin le nombre des calvinistes s'accrut tellement, qu'il l'emporta sur
celui des catholiques romains. L'histoire du
protestantisme dans cette ville est fort longue.
Lorsque nous la traiterons, nous aurons soin
de consulter les Mémoires des deux partis ; la
bienfaisante tolérance rend cette tâche plus
facile, elle permet de citer des vertus qui n'ir-
ritent plus l'affreux fanatisme, elle nous con-
sole d'ailleurs par le présent, des malheurs
passés ; elle nous montre aujourd'hui les citoyens de toute croyance, assis paisible-
ment à leurs portes, près de ce même seuil
que l'intolérance rougit, autrefois, du sang des
frères armés contre les frères (1). L'auteur des

(1) Le temple où les protestans rendent aujourd'hui
leurs hommages à la Divinité, est une ancienne église
des Carmes. Dans les premières années du dix-septième
siècle, ils avoient un fort beau prêche à l'extrémité ouest
du faubourg de *la Barre ;* on voit encore quelques ruines
du mur qui l'environnoit. Ce temple, construit en briques, étoit de figure ovale ; il avoit cent deux pieds de
long et soixante-douze de large. La nef étoit séparée des

Mémoires chronologiques et les chroniques
manuscrites, parlent d'une servante qui vint
jeter de l'eau sur la lumière des canons des
protestans, au moment où ceux-ci se prépa-
roient à résister à des soldats envoyés contre
eux par la cour. Nous avons entendu, plus
d'une fois, vanter l'action de cette fille ; mais
pour la louer justement, il faudroit mieux
connoître le motif qui la fit agir. Un fait que
nous pouvons citer avec confiance, c'est la
conduite du gouverneur Sigognes, au moment
de la Saint-Barthélemi. Lorsqu'il reçut l'ordre
d'égorger les calvinistes, il fit rassembler à
l'hôtel-de-ville tous les habitans sans distinction de culte, et leur parla en ces termes :
« Messieurs, cet ordre ne peut regarder que
» des calvinistes rebelles et séditieux ; mais
» graces à l'Eternel, il n'en reste plus dans
» Dieppe. Nous lisons dans l'Evangile que l'a-
» mour de Dieu et celui du prochain doivent
» être pour les chrétiens la loi et les prophè-
» tes : profitons de cette leçon qui nous est
» donnée par Jésus-Christ lui-même. Enfans
» du même Dieu, vivons en frères et ayons
» les uns pour les autres la charité du Sama-
» ritain. Tels sont mes sentimens ; j'espère que

---

allées collatérales par vingt-deux pilastres en bois ; deux
galeries, l'une sur l'autre, régnoient sur les bas-côtés.
La construction de cet édifice coûta, dans le temps,
20,091 liv. Par ordre du roi, le chemin qui conduisoit
à ce prêche fut pavé en 1614, aux dépens des protestans. ( *Chr. ms., et Observat. ms. sur la lettre d'un
honnête homme* de Dieppe. )

» vous les partagerez; ce sont eux qui m'ont
» persuadé qu'il n'y avoit dans cette ville au-
» cun citoyen qui fût indigne de vivre (1). »

Ce gouverneur mourut en 1582 , et son tombeau fut placé à la droite de l'autel de la chapelle de la Vierge, dans l'église de Saint-Remy où l'on peut le voir encore. Dans une niche placée au-dessus , et qui est masquée aujourd'hui par de la menuiserie, M. de Sigognes étoit représenté , à genoux , la tête nue , les mains jointes et décoré du collier de l'ordre de Saint-Michel. On lisoit cette épitaphe;

J'eus mes honneurs guerriers en Piémont et en France,
Mes grades à la cour et à Turin mon los ;
La Beauce a eu mes biens, mes parens, ma naissance,
Et Dieppe mon conseil, mon labeur et mes os.

En 1611, son fils fut placé dans le même tombeau ; il étoit représenté dans la même attitude.

Le monument qui se voit de l'autre côté, étoit celui du sieur de Montigni , mort en 1675 , *gouverneur pour Sa Majesté , de la ville , château et citadelle de Dieppe , fort du Pollet , et autres forts qui en dépendent* (2).

L'église où sont ces tombeaux fut fondée en 1522. L'on abandonnoit alors l'architecture sarrasine pour revenir à celle des Grecs. Saint-Remy offre le mélange de ces deux styles, mélange peu agréable à la vue. Cette église n'a point été achevée.

(1) Histoire de France pendant les guerres de religion, par Ch. Lacretelle, t. 11, p. 361.
(2) Chr. ms.

Dans une de ses tours on conserve un bénitier dont nous donnons le dessin. Nous n'a-
vons pu encore interpréter d'une manière satisfaisante les caractères qui sont autour(1). Les
ornemens qui séparent les lettres ressemblent
beaucoup à des mitres. Dawson-Turner a parlé
de ce monument sans donner plus d'explication que nous, car nous ne prétendons pas
faire passer pour telle, l'essai qui nous appartient et que nous avons rejeté dans notre note.

Dans l'épitaphe du sieur de Montigni il est
question de la citadelle de Dieppe, du fort du
Pollet et d'autres fortifications. Le plan de 1600
que nous donnons indique la place que ces
forteresses occupoient. La citadelle fut commencée en 1550 et achevée par les protestans
en 1562 ; le fort du Pollet fut élevé là où Talbot avoit assis sa bastille. Ce fut Louis XIV
qui fit détruire ces fortifications (2). On peut
remarquer encore dans le plan de 1600, que

(1) S'il étoit permis de penser que ces caractères
fussent les initiales de mots grecs écrits à la manière gothique, comme on en trouve dans quelques médailles,
on pourroit, en commençant par la lettre qui ressemble
à un b, trouver cette inscription :

βάπτισμα ccρήνη ou Κράνη    ΡΟῆ Ζωῆς   Οἷος Μακαρισμος.
baptême        source        fleuve de vie   seule   béatitude.

Alors ce bénitier eût, autrefois, servi de fonts baptis-
maux. Ce n'est que depuis deux ans qu'on l'a relégué dans
cette tour : il étoit auparavant placé à la porte latérale
de l'église du côté du nord.

(2) Chr. ms.

A. Feret del.         Litho. de C. Motte.

*Ancien Bénitier de l'église St Remi.*

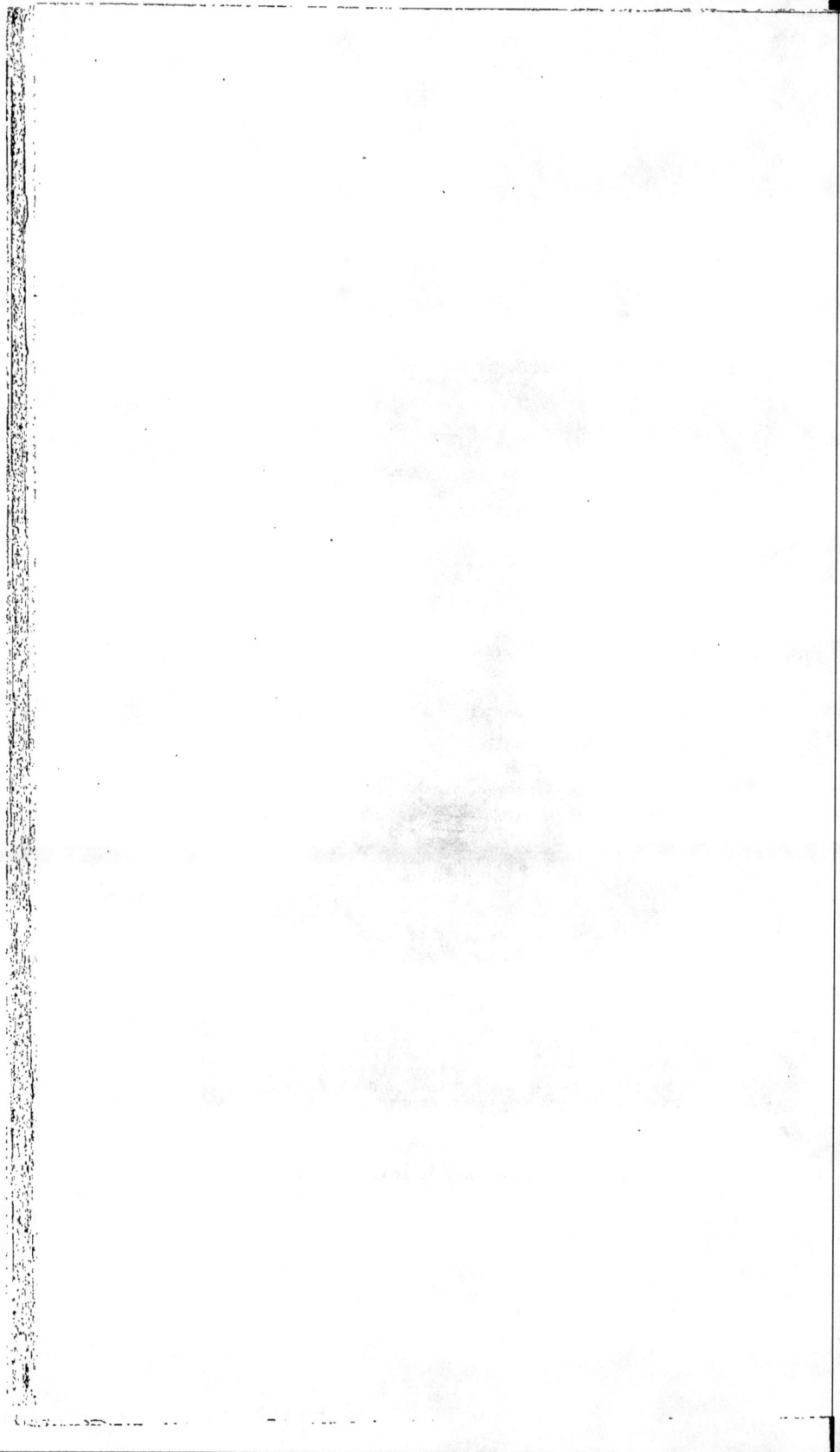

l'entrée du port n'étoit pas où elle est aujour-
d'hui. La ville, à cette époque, étoit fortifiée,
du côté des quais, par une muraille flanquée
de plusieurs tourelles. Cette muraille s'étendoit, en demi-cercle, depuis le fort de *la porte
du pont*, fort dont il existe encore des ruines (1), jusqu'à une tour carrée qui s'élève où
le port cesse et où le chenal commence. On
l'appelle *Tour aux Crabes*, nom qui lui est
venu, dit-on, de ce qu'on pêchoit des crabes à la base de ses murailles baignées alors
par les eaux de la mer.

Le collége dont une façade donne sur le
port appartenoit, avant la révolution, aux
Pères de l'Oratoire. Ce fut à Dieppe, que cette
savante congrégation commença à se livrer à
l'enseignement de la jeunesse (2).

Dieppe avoit aussi une école d'hydrographie,
célèbre par la science de ses professeurs et par
les marins qu'ils formèrent. Les connoissances
qui fleurirent de bonne heure dans cette école,
s'expliquent par les observations que les navigateurs dieppois avoient été à portée de faire.
Nous voudrions pouvoir, sans réserve, répéter
ici tout ce que l'auteur des *mémoires chronologiques* et ses devanciers ont dit sur DESCA-
LIER, COUSIN et CAUDRON(3). On doit croire qu'il

---

(1) Cette tour est représentée entière dans une vue du
port de Dieppe, par Ozanne. On èn aperçoit aussi une
partie sur le premier plan du tableau de Vernet.

(2) Don Duplessis, Desc. de la H. Norm., art. Dieppe.
Archives de l'Oratoire de Dieppe.

(3) Il avance que ces hommes ont été les pères de l'hy-

est loin de nous de vouloir diminuer la gloire de nos concitoyens. Notre ame est aussi sensible qu'une autre aux éloges mérités par notre patrie ; mais, pour la mémoire même de ces hommes célèbres, si toutefois nous pouvons ajouter un fleuron à leur couronne, il est de notre devoir de n'avancer que des faits qui puissent être fortifiés par des preuves irrécusables.

Outre ses professeurs d'hydrographie, Dieppe compte plusieurs hommes illustres auxquels elle donna naissance; nous citons :

Bruzen de la Martinière, auteur du Dictionnaire géographique qui porte son nom. Le nombre de ses ouvrages est fort considérable. Nous mentionnons seulement celui qu'il a fait paraître sous le nom de *Valent*. Jungermann, et qui est intitulé : *Entretiens des ombres aux Champs-Elysées sur divers sujets de politique et de littérature.* « La Martinière, dit Bruys, » a tiré ces entretiens d'une énorme compi- » lation allemande, et les a délicatement ac- » commodés au génie de notre langue. »

Crasset (Jean), jésuite, a écrit des *Dissertations sur les oracles des sibylles.* Il répondit à la critique qui en avoit été faite par Jean Marck, professeur de théologie, à Gro-

---

drographie; que Descalier, par son génie, avoit prédit les découvertes que l'on fit dans les mers des Grandes-Indes; que ce fut à l'aide de ses leçons que Cousin, qui professa à son tour après avoir navigué, trouva des terres nouvelles en Afrique, en Asie, en Amérique.

ningue. Il est encore connu par l'*Histoire de l'Église du Japon*. Cet écrit, auquel on ne peut refuser du mérite, a cependant été abandonné depuis que Charlevoix a traité le même sujet.

Despréaux (Cousin), auteur d'une *Histoire de la Grèce*, fort estimée des savans. Elle seroit plus connue, si les *Voyages du jeune Anacharsis*, qui conviennent à tous les lecteurs, n'eussent paru à la même époque.

Declieu N. . . . . Nous pouvons le compter encore au nombre de nos concitoyens célèbres, bien qu'il soit né dans un village voisin. C'est à lui qu'on doit la culture du café dans les Antilles. Il obtint au Jardin du roi un des pieds de caféyer qui avoient été donnés à Louis XIV par la Hollande. Declieu, dans la traversée, retenu par des vents contraires, vit le moment où l'objet de ses soins alloit périr de sécheresse. L'eau manquoit; les matelots n'en recevoient qu'une foible ration : Declieu se servit de la sienne pour arroser son cher caféyer. Esménard, dans son *Poëme de la Navigation*, a célébré ce touchant patriotisme. Le même poëte a chanté notre compatriote Duquesne.

Dulague, fit paroître en 1768, des *Leçons de navigation* qui furent réimprimées avec augmentation en 1771, 1784 et 1792. Son *Traité des principes de navigation* ou *Abrégé de la théorie et de la pratique du pilotage*, est un ouvrage classique.

Duquesne (Abraham) apprit à naviguer et à vaincre sous un bon maître : ce fut son père,

capitaine de vaisseau. Il ne tarda pas à se faire
connoître comme un officier distingué par la
valeur et les talens. Son père ayant été tué
dans une affaire contre les Espagnols, Duquesne
jura une haine implacable à cette nation. Dans
le combat qui se donna près de Gattari, il
aborda l'amiral espagnol, et cette attaque im-
pétueuse valut la victoire aux François. Après
une longue suite de combats glorieux, il fut
élevé au rang de lieutenant-général. Sa victoire sur Ruyter est connue de tout le monde.
La frégate qui, après la bataille, transportoit
les restes de son rival ayant été prise, le capitaine hollandois fut amené devant Duquesne,
et lui présenta son épée. Le généreux guerrier la lui remit, et, passant sur la frégate, il
entra dans la chambre où étoit l'urne qui renfermoit le cœur de Ruyter; levant les mains
au ciel, il s'écria : « Voilà les restes d'un grand
» homme ; il a trouvé la mort au milieu des
» hasards qu'il a tant de fois bravés ! » Puis, il
dit au capitaine : « Votre mission est trop res-
» pectable pour qu'on vous arrête. » Il lui
donna un passe-port. Duquesne étoit protestant. Lorsqu'il vint à Versailles, le roi lui dit :
« Je voudrois bien, monsieur, que vous ne
» m'empêchassiez pas de récompenser les
» services que vous m'avez rendus, comme ils
» méritent de l'être ; mais vous êtes protestant,
» et vous savez quelles sont mes intentions là-
» dessus. » Duquesne raconta ce discours à sa
femme, qui lui dit : Il falloit lui répondre : « Oui,
» Sire, je suis protestant ; mais mes services

» sont catholiques. » Ce fut sous ses ordres qu'Alger fut bombardé. On ne peut, disent les auteurs de la Biographie ancienne et moderne auxquels nous avons eu recours pour notre esquisse biographique, « on ne peut » que gémir de ce que ce grand monarque ait » cru sa conscience intéressée à ne pas élever » Duquesne à la seule dignité militaire qui » lui manquait, et que cette même opinion ait » empêché qu'on élevât en France un tom— » beau à celui qui avait acquis à ce royaume » l'empire de la mer. » Duquesne mourut en 1688. Ce grand capitaine ne vivoit plus lorsque les Anglo-Hollandois détruisirent sa ville natale (1).

GELÉE (Théophile) médecin de Dieppe. On a de lui plusieurs ouvrages de médecine. Celui qu'on estime le plus est un traité sur l'anatomie.

GOUYE (Thomas), de la compagnie de Jésus, astronome, et de plus très-versé dans les lan-

---

(1) On trouve dans Rulhière que, de son temps, on voyoit encore sur les frontières de la Suisse, un sépulcre vide, avec une inscription dont voici le sens : « Ce tom— » beau attend les restes de Duquesne. Son nom est connu » sur toutes les mers. Passant, si tu demandes pourquoi » les Hollandais ont élevé un superbe monument à » Ruyter vaincu, et pourquoi les Français ont refusé » une sépulture honorable au vainqueur de Ruyter ; ce » qui est dû de crainte et de respect à un monarque dont » la puissance s'étend au loin, me défend toute ré— » ponse. » (Eclaircissemens sur les causes de la révocation de l'Édit-de-Nantes, p. 356.)

gues anciennes et modernes. Sa modestie a
privé le public d'un grand nombre d'œuvres.
C'est au P. Gouye que les habitans du Pollet
durent la conservation de leurs priviléges.

GOUYE DE LONGUEMARRE, parent de Thomas,
fut savant dans l'histoire. Il contribua, par ses
recherches, à éclaircir plusieurs points diffi-
ciles de l'histoire de France. Ses productions
furent souvent couronnées par les académies.
Outre plusieurs dissertations, il paroît que c'est
à lui qu'on doit *la France littéraire* et une
*dissertation sur le sacerdoce des Grecs.*

HOUARD, avocat célèbre, associé en 1785 à
l'académie des Inscriptions et Belles-Lettres.
On a de lui : 1° *Anciennes lois des François
conservées dans les coutumes angloises, re-
cueillies par Littleton.* 2°. *Traité sur les coutumes anglo-normandes, publiées en Angleterre depuis le onzième jusqu'au quatorzième
siècle, avec des remarques, etc.* 3°. *Dictionnaire analytique, historique, étymologique,
critique de la coutume de Normandie.* 4°. *Mémoire sur les antiquités galloises* ( dans le
tome L des Mémoires de l'académie des Inscriptions et Belles-Lettres. )

« MOLARD et MAUGER, graveurs sur cuivre,
» étoient Dieppois d'origine : on connoissoit
» deux christs en bronze sortis des mains du
» premier, dont l'un étoit possédé par les jé-
» suites de Dieppe, quand ils furent chassés
» de France; il avoit aussi gravé toute l'his-
» toire des guerres de Louis XIV, dont Mauger

» fut médailliste. Ces deux artistes moururent
» en 1712 (1). »

Noel S.-B.-J. Auteur de plusieurs œuvres
pleines de mérite. Son grand ouvrage sur les
pêches est du plus haut intérêt. Il amassoit de
nombreux matériaux pour en faire la continuation. Il fit un voyage dans le Nord, guidé
par le désir d'observer par lui-même. La
mort l'a ravi dernièrement à ses intéressans
travaux (2).

Pecquet. Anatomiste immortalisé par la découverte du réservoir qui porte son nom.
Pecquet, reçu docteur en médecine, revint à
Dieppe, rappelé par l'amour de la patrie ; mais
son génie avait besoin d'un théâtre plus vaste :
il choisit Paris. Sa célébrité le fit rechercher
du grand monde dans lequel l'introduisit le
surintendant Fouquet dont il étoit le médecin
et l'ami. Dans ses lettres, madame de Sévigné
l'appelle familièrement *le petit Pecquet.* La
lettre du 19 décembre 1664 peint son dévouement à Fouquet.

Richer, poëte distingué, auteur de jolies
fables et d'ouvrages de plus longue haleine ;
né à Longueil près de Dieppe, il fit ses études
au collége de cette ville.

Simon (Richard), prêtre et de la congrégation de l'Oratoire, fit une étude approfondie

(1) Essais sur le départ. de la Seine Inférieure, par
Noël. I$^{re}$ partie, p. 193.
(2) Il est mort à *Drontheim* en Norvège, le 22 février 1822.

4

des langues orientales. Il habita long-temps la maison de l'*Institution* à Paris. Les querelles religieuses l'engagèrent à venir chercher, dans sa ville natale, le repos si nécessaire à ses longues études. Simon étoit en relation avec tous les savans de l'Europe; il en vint plusieurs à Dieppe pour converser avec lui. Son cabinet étoit ouvert à tous ceux qui venoient le consulter : les protestans étoient également reçus. S'il avoit combattu leurs écrits, il avoit toujours épargné les personnes. Un foible revenu suffisoit à une vie sobre et pleine de simplicité. Infatigable dans l'étude, il méditoit, ordinairement, couché sur des tapis et des coussins. Il perdit beaucoup de livres et de manuscrits dans le bombardement. Il se retira alors à Paris; mais, dès qu'il le put il revint à Dieppe. Les jésuites, avec lesquels il avoit eu quelques contestations, le rendirent suspect à l'Intendant. Celui-ci le manda et lui donna à entendre qu'on étoit disposé à lui enlever ses papiers. Le P. Simon, de retour chez lui, mit ses manuscrits, fruit de nombreuses années d'études, dans plusieurs tonneaux, et les fit brûler : il fut si sensible à cette perte, qu'elle lui coûta la vie. Il voulut donner ses livres à la ville : son désir étoit qu'on s'en servît pour créer une bibliothèque publique. On refusa son offre, et ce fut l'église métropolitaine de Rouen qui reçut cette précieuse collection. Il fut inhumé dans le chœur de Saint-Jacques.

Voltaire l'a loué : « C'est un excellent cri- » tique, dit-il; son histoire de l'Origine et des

» Progrès des revenus ecclésiastiques, son
» histoire critique du Vieux-Testament, etc.,
» sont lues de tous les savans (1). »

Nous sommes arrivés à une époque où deux
fléaux, la peste et la guerre, vont contribuer
à la destruction de Dieppe. Nos manuscrits
sont peu d'accord sur l'époque où la contagion commença ses ravages; mais ils donnent
une lettre de Louis XIV, portant la date du
13 septembre 1669, adressée aux maire, échevins et officiers. Par cette lettre, le roi engage
à suivre exactement les mesures de sûreté qui
avoient été prescrites pour empêcher l'accrois-
sement de la maladie. Cette peste fut causée par
une cargaison de vieux souliers apportés d'Angleterre. Il paroît que ce mal dura plusieurs
années et entassa victimes sur victimes. Les malades furent placés dans des loges en planches,
que l'on avoit construites hors de la ville. Le
lieu des sépultures qu'on appeloit *le Champ
du pardon*, étoit dans les prairies là où l'on a
commencé à creuser le bassin. Les habitans
implorèrent le secours de la Vierge; ils firent
un vœu à *Notre-Dame de Liesse*. Lorsque la
peste eut cessé, on fit, par la ville, une procession générale, *l'ex-voto* fut porté en
pompe; c'étoit un navire en argent représentant les armes de Dieppe, et sur lequel étoit
placée une vierge du même métal; on lisoit
autour de ce vaisseau : Vœu public de Dieppe.
Après cette cérémonie, quatre échevins et un

_____

(1) Voltaire, Siècle de Louis XIV, art. écrivains.

4*

grand nombre d'habitans allèrent acquitter la
dette de la reconnoissance générale au bourg
de Liesse en Picardie. Les manuscrits déjà
cités ajoutent, que ce fut après cette peste qu'on
plaça sur la porte de la Barre une représenta-
tion de la Vierge, avec cette inscription :
*orbis et urbis salus*, *salut de l'Univers et de la
ville*. Nous ignorons si cette effigie étoit la
même que celle dont nous avons parlé précédemment.

Ce fut dans le grand siècle de Louis XIV,
que les moyens de détruire les hommes reçurent une perfection nouvelle. L'art d'écraser
leurs habitations par des bombes, jusqu'alors
étranger à la marine, lui fut appliqué en 1681
par le jeune Renaud, dont le funeste génie
triompha des railleries des vieux capitaines.
Duquesne fit sur Alger l'essai des mortiers
placés sur des galiotes. Il ignoroit que treize
ans plus tard, l'invention d'un François re-
tomberoit sur sa patrie, et que la ville où il
avoit reçu le jour seroit ruinée, par l'instrument de son triomphe.

Déjà, depuis quelque temps, on avoit des
craintes à Dieppe, sur le voisinage d'une flotte
ennemie. L'on se prépara à la défense, mais
les mesures se sentirent du trouble et de la
précipitation.

Le 16 juillet 1694, l'enseigne de vaisseau
BEAUJEU, commandant *la Volage*, frégate légère du roi, amena dans notre port une frégate angloise qu'il avoit attaquée et prise.

Le procureur du roi près de l'amirauté se

trouva sur le quai , lorsque Beaujeu se dispo-
soit à mettre pied à terre ; il lui tendit la main.
Beaujeu, le tirant à part, lui dit à l'oreille : « Je
» crois que vous allez avoir les ennemis sur
» les bras. » L'autre lui répondit : « Allons
» de ce pas avertir le marquis de Beuvron
» notre commandant. »

Le lendemain matin, on reconnut les ennemis s'avançant à petites voiles. Cette flotte ,
commandée par lord BARKLAY, se composoit
de deux divisions Angloises et d'une escadre
Hollandoise. Les vaisseaux de toute grandeur,
les galiotes à bombes, les bateaux plats, formoient une réunion d'environ cent vingt voiles.

Le dimanche 18, les ennemis se rangèrent
en demi-cercle, ayant leur droite au cap
d'Ailly, leur gauche à Berneval ; au centre
étoient les bombardes.

Le vent d'ouest étant devenu impétueux, la
flotte se vit obligée d'attendre un temps plus
favorable. Quelques capitaines de Dieppe de-
mandèrent alors, qu'on leur permît d'aller à
Saint-Valery-en-Caux armer en brûlots quelques barques, qu'ils eussent, à la faveur du
vent et de la marée, conduites sur les Anglo-
Hollandois. Leurs offres furent refusées.

Le 22, au flot montant, onze galiotes à
bombes se placèrent sur une ligne, à la petite
rade *des cordiers* ou *pêcheurs aux cordes* , et
à neuf heures , l'amiral ayant donné le signal
par un coup de canon, le bombardement commença.

Comme on craignoit un débarquement , on

avoit appelé les citoyens aux armes, et on les avoit placés hors des murs, sur le bord de la mer, le long d'un retranchement qu'on avoit construit à la hâte.

Les femmes, les enfans, les domestiques abandonnèrent la ville, emportant tout ce qu'ils pouvoient, chargeant leurs effets sur leurs épaules; car on ne trouvoit pas assez de voitures.

Il ne resta qu'un petit nombre de personnes, la plupart infirmes, et quatre cents miliciens. Les marins furent employés au service du canon.

Les batteries de Dieppe eurent d'abord quelqu'avantage sur le feu de l'ennemi. Cependant les bombes tomboient dans tous les quartiers, mais là, sur-tout, où les clochers des églises et des couvens servoient de points de direction. En peu de temps le feu éclata, et les bombardes dirigèrent leurs globes destructeurs, avec une activité nouvelle, sur les édifices enflammés qui leur annonçoient le succès de leurs coups. La ville étoit alors bâtie en bois; le feu se communiqua avec rapidité. Il étoit resté trop peu d'hommes pour s'opposer au débordement de l'incendie. Beaucoup de miliciens, trouvant les demeures désertes, étoient descendus dans les caves, et, s'enivrant sans songer au danger, périrent sous la chute des maisons embrasées.

Quelques hommes généreux, que leurs fonctions retenoient dans les murs, s'exposèrent aux plus grands périls pour arrêter la fureur du feu. Le curé de Saint-Jacques, *Gabriel* DE TELIER, qui eut un de ses bedeaux tué à côté de lui, réussit, avec l'aide du Père FIDEL capucin, à préserver son église. L'ingénieur du roi, LA GUILLONIÈRE avec quelques miliciens, LEBER, lieutenant de frégate, aidé des matelots de son équipage, les sieurs MIFFANT, DOLIQUE, parvinrent à conserver quelques habitations. Ce sont les seules maisons en bois qu'on voie encore aujourd'hui à Dieppe.

Les citoyens, qu'on tenoit sous les armes, virent leurs maisons brûler sans pouvoir y apporter aucun secours. Le gouverneur avoit fait fermer les portes qui donnent du côté de la mer ; et, tant que le bombardement dura, les commandans, frappés sans doute de la crainte d'un débarquement, ne permirent pas aux compagnies bourgeoises de quitter le poste avancé qu'on avoit confié à leur courage.

L'ennemi, non content de l'effet de ses bombes, tenoit en réserve un brûlot qu'il dirigea enfin vers le port. C'étoit un navire de cent et quelques tonneaux, rempli de poudre, de boulets, de grenades, de chaînes de fer et d'autres objets propres à la plus affreuse destruction.

Ce navire, poussé par le vent, arriva non loin des jetées. Heureusement il toucha, et la marée venant à baisser, il pencha du côté de la pleine mer (1). L'explosion n'eut pas lieu

---

(1) D'autres Mémoires disent que ce navire fut arrêté dans sa marche, par un boulet qui le perça à l'eau.

sur la ville comme les Anglois l'avoient es-
péré. Au moment où cette machine infernale
éclata, l'air se remplit de flammes de toutes
couleurs, et une pluie de fer et de feu tomba
à l'entour. La détonation fut si forte, qu'elle
se fit entendre à Rouen.

Le samedi, 24, les Anglo-Hollandois, ravis
d'une joie féroce, appareillèrent, ne laissant
plus que des ruines là où, trois jours auparavant, s'élevoit une cité florissante.

Nous avons puisé les détails de ce bombardement dans plusieurs Mémoires; mais surtout, dans celui du prêtre Guilbert qui vécut
peu de temps après la ruine de Dieppe. Si
son récit n'eût été trop long, nous l'eussions
donné en entier. Ces détails sont empreints
d'une couleur de circonstance, qui les rend
plus touchants : on voit que l'historien, en
écrivant, avoit la tête encore échauffée par les
tristes récits de ceux qui avoient vu ce qu'il
raconte.

Le gouvernement s'occupa promptement de
rendre un asile aux malheureux habitans. Pé-
ronnel, ingénieur du roi, et qui avoit été le
compagnon de Descombes dans les voyages
qu'il fit pour dessiner les ports du Grand-Sei-
gneur, fut chargé par la cour de lever le
plan de la nouvelle ville, sur un terrain où
elle fût, désormais, à l'abri d'un bombardement (1). Cet ingénieur choisit les prairies qui

(1) Le 14 septembre 1803, deux bombardes angloises
jetèrent sur Dieppe 150 bombes qui n'y produisirent aucun dommage.

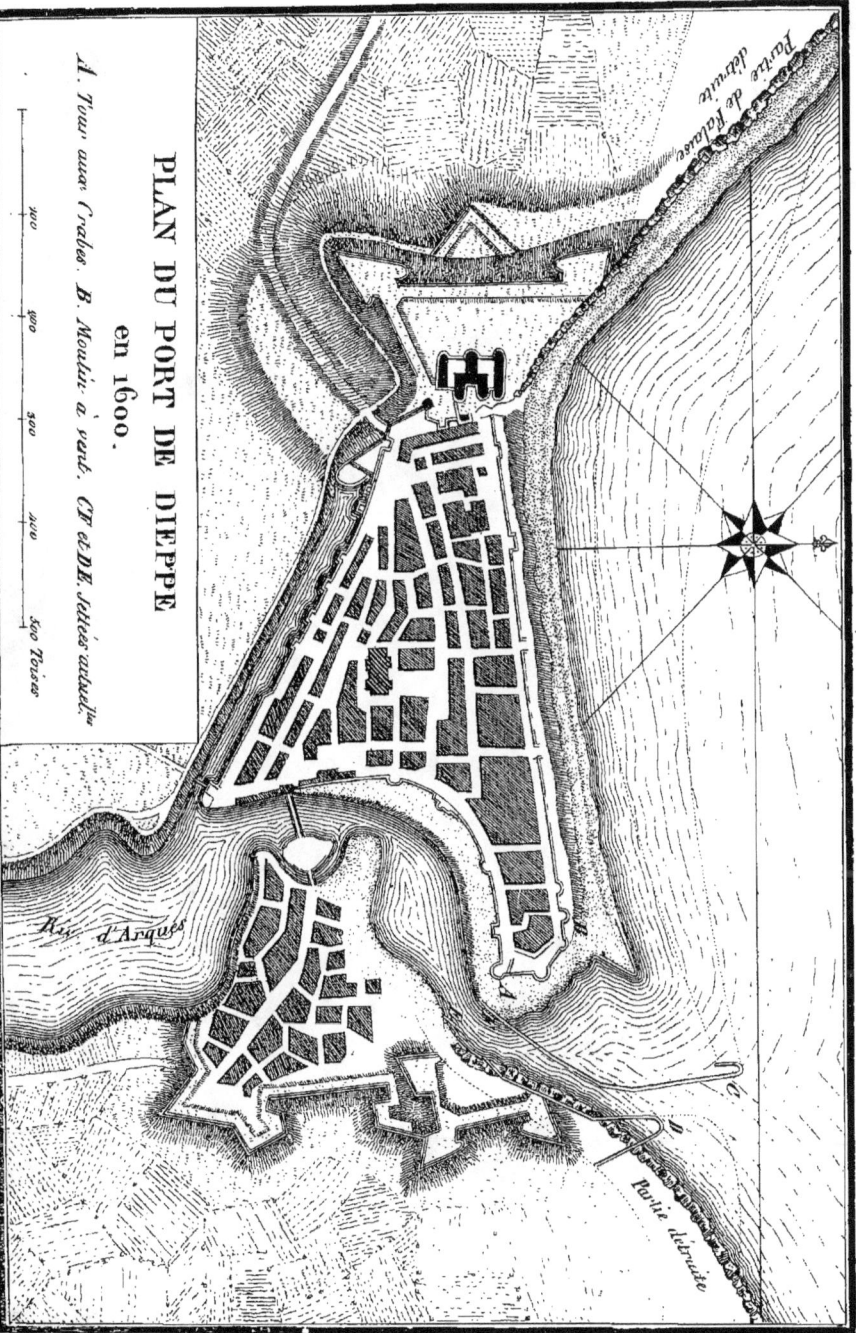

PLAN DU PORT DE DIEPPE

en 1600.

A. Tour aux Crabes. B. Moulin à vent. CF et DE. Jettées actuelles.

Partie détruite

Partie de falaise

Rre d'Arques

Partie détruite

Tiré des Mémoires de l'Ingénieur Lamblardie.

Lithe de Fe Motte

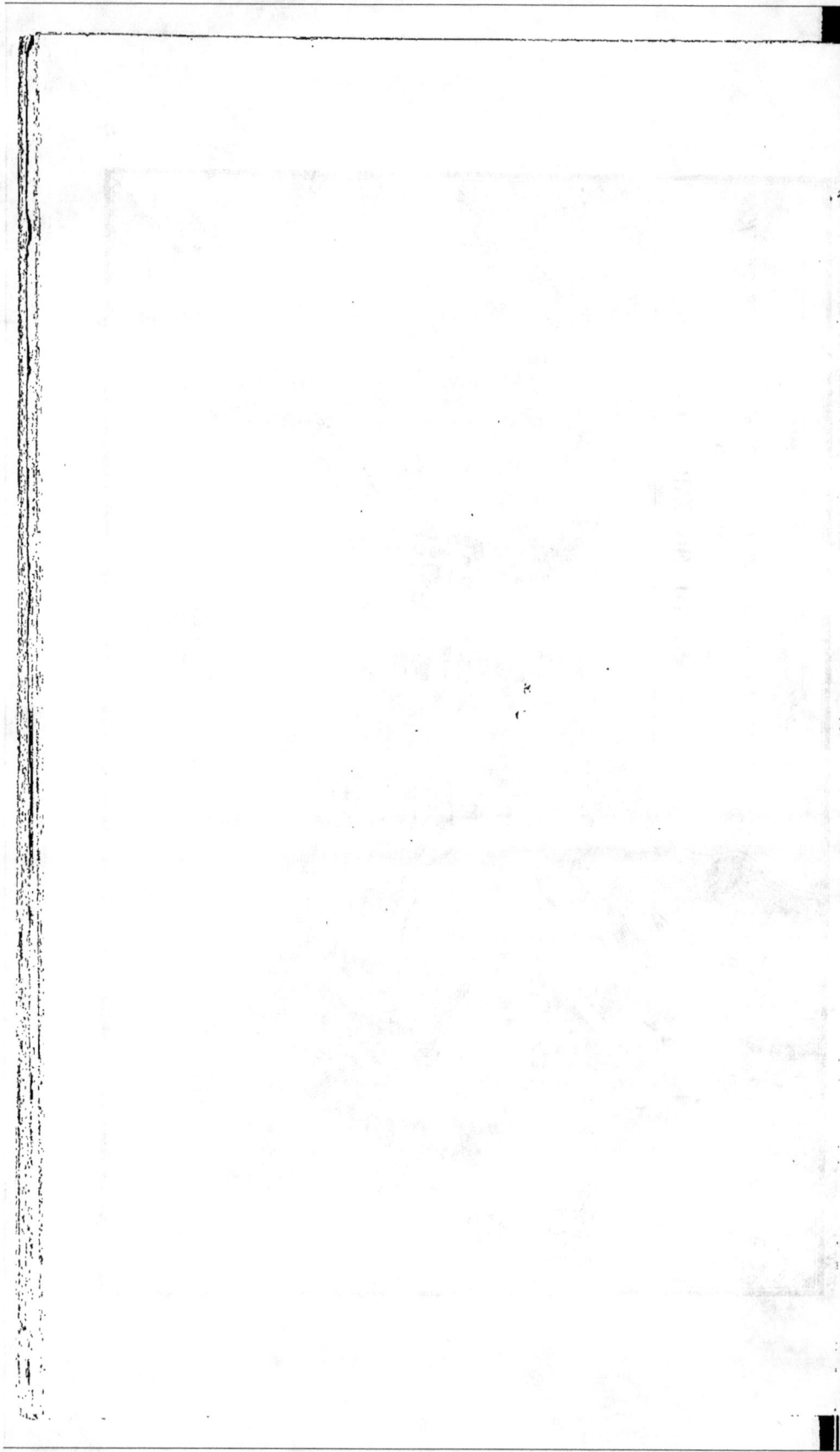

s'étendent entre *Bonnes-Nouvelles*, d'un côté,
et de l'autre *le Vaudruel*, en-deçà du village
de *Bouteilles*. D'après son plan, la ville eût
été une fois plus grande qu'elle ne l'est maintenant. On eût construit deux églises et laissé
l'emplacement de deux autres qui eussent été
bâties dans la suite. L'hôtel-de-ville se fût
élevé au milieu d'une grande place à laquelle
toutes les rues devoient aboutir. On eût construit également plusieurs beaux édifices pour
les différentes administrations. Mais, ajoutent
les Mémoires manuscrits d'où nous tirons ces
renseignemens : « La plupart des caves n'ayant
» point été endommagées par les bombes ni
» par le feu, toutes les fontaines subsistant
» encore dans les maisons brûlées, dans les
» places où les canaux d'eau douce répondent
» les uns aux autres sous le pavé des rues, et
» les églises n'ayant point été détruites, la
» cour ordonna que la ville fût rebâtie sur les
» premiers fonds. » On n'hésita point à suivre
ces ordres; on se mit à l'œuvre, et les traces de
l'incendie disparurent. Enfin, à l'aide de priviléges, Dieppe se releva une seconde fois. « Cette
» ville, agréable aujourd'hui par ses maisons
» régulières, dit Voltaire, doit ses embellisse-
» mens à son malheur. (1 *et* 2) »

---

(1) Siècle de Louis XIV, pag. 295, édit. de Berlin,
M.DCC.LI.

(2) L'auteur des Mémoires chronologiques donne le
nom de VENTABRUN à l'ingénieur qui fit reconstruire la
ville. D. Duplessis et les lettres-patentes l'appellent

Pendant qu'on avoit été occupé aux nouvelles
constructions, une partie des habitans s'étoit
logée dans le faubourg du Pollet qui avoit peu
souffert. L'origine de ce faubourg est assez obscure, et l'étymologie qu'on donne de son nom
ne nous paroît pas entièrement satisfaisante.
Quelques écrivains prétendent que le mot
*Pollet* est une corruption de *Port-d'est*. Ils
fondent leur opinion sur ce qu'il exista deux
ports, l'un à l'Est qui est celui d'aujourd'hui,
l'autre à l'Ouest qui est remplacé par le quartier qui en a retenu le nom. La seule remarque
que nous puissions faire, c'est qu'on trouve
dans des lettres-patentes de Philippe III en
1283, le nom de Pollet écrit comme aujourd'hui, mais avec, une seule l, *Villa de
Poleto.* (1 et 2)

Le Pollet communique à Dieppe par un
pont de pierre commencé en 1511. Le passage
avoit lieu auparavant dans une barque qu'on

VENTABREN. Chaque maison, d'après son plan, eut un
entresol en arcade, ce qui offrit un coup-d'œil désa-
gréable. Depuis on a fait des changemens. D. Duplessis
rapporte qu'un jour l'ingénieur conduisant M. de Vau-
ban, par la ville, pour lui faire voir ses travaux, celui-
ci ne put s'empêcher de lui dire :« *Monsieur, vous pou-
» viez faire beaucoup mieux; mais vous ne pouviez jamais
» faire plus mal.* » La tradition prétend enore que Ventabren avoit oublié dans son plan des maisons, la place
de l'escalier; ce qui est cause que cette partie est fort
incommode dans la plupart des habitations.

(1) Recueil gén. de let. paten. imp. folio 9.
(2) L'usage est venu de mettre deux l.

appeloit le *Bateau Passeur*, et l'on ne manquoit pas de payer un droit au seigneur à qui
ce bateau appartenoit (1). On employa, pour
la construction du pont, les pierres d'une
vieille église de Saint-Remi, dont la tour gothique est encore restée debout, au pied de
la seconde enceinte du château. Malgré la
facilité de communication qui fut donnée par
cette bâtisse, le Pollet, habité presque entièrement par des pêcheurs, forma long-temps
une petite cité qui différoit singulièrement,
par les mœurs, le langage et l'habillement,
de la partie de Dieppe habitée également par
des pêcheurs. Cette différence s'efface chaque
jour; cependant il en reste encore des traces.
Nous citons avec plaisir l'auteur des *Mémoires chronologiques*, qui avoit vu l'ancien
costume des Polletais et qui peint leurs
mœurs avec cette simplicité de style qui con-
vient au sujet qu'il traite.

« Les trois quarts des habitans de ce fau-
» bourg sont matelots-pêcheurs, et sont moins
» distingués des citoyens de Dieppe, par leur
» qualification de Poltais, que par la différence
» d'habillement, de langage, de simplicité, de
» mœurs et de connoissances. Ces Poltais sont
» encore vêtus de la même manière qu'ils l'é-
» toient dans le seizième siècle. Ils ont des ca-
» leçons couverts par de grandes cottes qui
» sont jointes par le milieu, pour former le

(1) Chr. ms. Réforme du chartrier de la Vicomté.

» passage de chaque jambe. Ils portent un
» gilet qui se croise par-devant, avec des ru-
» bans, et il est recouvert par bas, au moyen
» de la ceinture de leur grande cotte. Ils ont
» par-dessus ce gilet, une espèce de juste-
» au–corps, libre, sans plis ni boutons, qui
» descend et recouvre leur grande cotte de
» la longueur de douze à quinze pouces. Ces
» habillemens sont ordinairement de drap ou
» de serge de la même couleur, soit rouge,
» soit bleue, car ils s'interdisent les autres.
» Toutes les coutures de leurs vêtemens sont
» couvertes par un galon de soie blanche, de
» la largeur d'un grand pouce. Enfin, au
» lieu de chapeau, ils portent des toques,
» soit de velours, soit de drap de différentes
» couleurs; ce qui, en total, forme un ancien
» costume qui n'est pas dépourvu d'agré-
» ment.

» Quoiqu'au milieu de la France, ces Poltais
» y paroissent comme s'ils formoient une co-
» lonie étrangère. Toujours occupés sur mer
» à la pêche, ils n'ont rien gagné à la civili-
» sation et à la politesse que les lettres ont
» mises dans notre royaume depuis les deux
» derniers siècles. A peine ces individus sa-
» vent-ils quatre cents mots de notre lan-
» gue, qu'ils prononcent avec un accent
» particulier qui leur est propre (1); et ils
» ajoutent presque à chacun de ces mots,

(1) On croit reconnoître dans quelques-unes de leurs
expressions des restes de la langue Saxonne.

» un jurement qui leur tient lieu d'épithète.
» L'habitude qu'ils en contractent dès l'en-
» fance, est tellement enracinée, qu'ils s'ac-
» cusent à confesse de cette faute, en jurant
» qu'ils ne la commettront plus. Au reste, cette
» classe d'hommes, isolée des autres, a des
» mœurs plus simples, a plus de foi, est labo-
» rieuse, charitable, et fait voir son zèle pour
» la gloire de son prince, par la bravoure
» avec laquelle elle défend l'honneur du pa-
» villon François (1). »

Le Polletais s'ennuie à terre. Dès que la
tempête a cessé, on le voit s'élancer avec sa
barque sur la plaine liquide encore courrou-
cée. C'est en bravant chaque jour la mort
qu'il élève sa nombreuse famille et qu'il fournit son utile tribut au commerce de notre ville.

Les armemens maritimes que Dieppe faisoit
autrefois sont l'objet d'une mention distinguée
dans plusieurs ouvrages du dix-septième siècle.
Un livre publié en 1635 par Davity, et augmenté
en 1660 par de Rocoles, nous donne une haute
idée de la prospérité de notre ville. Cet ouvrage, curieux dans ses détails, nous montre les Dieppois parcourant toutes les mers,
exploitant toutes les branches de commerce :
les côtes d'Afrique, où une station porte le
nom de *Petit-Dieppe*, leur fournissent l'i-
voire et les épiceries ; la mer des Indes est
aussi fréquentée par leurs vaisseaux ; le pôle

(1) Mém. chronolog. tom. 2, p. 56, 57.

nord les voit poursuivre ses énormes baleines :
c'est du port de Dieppe que partoit chaque
année la flotte marchande qui se rendoit au
Canada. Enfin, les différentes saisons que les
marins de Dieppe choisissent pour leurs voyages, sont indiquées avec exactitude, comme
devant servir à ceux qui voudroient marcher
sur leurs traces.

Nos manuscrits, à leur tour, nous dépei-
gnent la ville de Dieppe livrée intérieurement à une grande activité. Sans compter
tous les bras qu'employoient les travaux du
grand commerce et de la pêche, une partie
de la population étoit occupée dans des tan-
neries, dans des fabriques de serge façon de
Florence, de dentelles alors fort estimées et
d'ouvrages en corne. Les tourneurs, les sculp-
teurs en ivoire formoient aussi une nombreuse
classe d'artistes. Les Dieppois prétendent être
les premiers qui ont travaillé l'ivoire en
France ; leurs prétentions paroissent fondées.
Jusqu'à présent, ils n'ont point de rivaux
dans ce genre d'industrie. Partout où l'on
travaille l'ivoire, même à Paris, on trouve
dans l'artiste un Dieppois ou l'élève des Dieppois (1). Il est à regretter qu'il ne nous reste

(1) « Walpole, dans ses *Anecdotes de peintures,* cite
» aussi LEMARCHAND, sculpteur en ivoire, né à Dieppe,
» pour avoir séjourné plusieurs années en Angleterre,
» et y avoir laissé différens morceaux remarquables.
» Ces pièces sont un grand nombre de têtes en bas re-
» lief, et quelques figures entières en ivoire. West pos-
» sédoit, en 1782, sa tête sculptée par le même ; lord

rien, en ce genre, du travail de nos pères. Il
est étonnant qu'on n'ait pas conservé, dans
les églises, quelques-unes de leurs sculptures. Cependant, un ivoirier de notre ville,
M. FLAMAND, possède deux petits bas reliefs
qui appartiennent à l'enfance de cet art, chez
nos concitoyens; l'un représente le dévouement de Curtius, l'autre Mucius Scœvola devant le roi des Etrusques. Autrefois on dé-
coupoit beaucoup l'ivoire ; on le réduisoit
presque à l'état de la gaze la plus fine; mais
ce genre est en partie abandonné. Toutefois,
le ciseau de nos ivoiriers n'a rien perdu de sa
délicatesse ; il creuse encore de petites boîtes
de neuf lignes de diamètre, dans lesquelles on
en trouve douze autres dont la dernière renferme un jeu de quilles; d'un seul globe d'i-
voire, il détache treize sphères qui restent mo-
biles les unes dans les autres, sans qu'il existe
dans la première un seul morceau de rapport.
Ce fut, peut-être, un sentiment de reconnoissance qui excita nos artistes à imiter la *nef* qui
leur apporta les premières dents d'éléphant.
Nous ne savons depuis quel temps ils font,
en petit, des navires qui, par la justesse de
leurs proportions, donnent une idée exacte

---

» Oxford avoit aussi de lui en sa possession le buste de
» lord Sommers : on cite encore avec distinction, un
» profil de la tête de Marbury, et le buste du célèbre
» Isaac Newton. Il mourut en 1726. » ( Noël, Essai
sur le département de la Seine-Inférieure, 1ere partie
p. 193. H. WALPOLE's , Anecdotes of painting in En-
gland, etc., III, 262.

des plus gros vaisseaux : cordages, voiles, poulies, tout est en ivoire. Mais ce n'est point là leur seul mérite ; des sculptures, d'après l'antique, d'après nos tableaux religieux, et les plus beaux modèles de nos jours, ornent leurs ateliers. Dieppe, sous ce rapport, n'a rien perdu de ses anciens avantages (1).

Notre ville ne fait plus ces grandes expéditions qui rendirent son nom célèbre, jusque dans les pays les plus reculés. Ses dentelles sont peu recherchées (2); elle n'a plus d'autres manufactures, qu'une raffinerie de sucre (3).

---

(1) L'établissement d'une école gratuite de dessin, les leçons d'un maître à qui notre ville doit quelques enseignes remarquables, ont influé, sans doute, sur le talent de nos artistes, auxquels on ne sauroit trop recommander, pour l'avenir, de cultiver le dessin; car il leur donne aussi les moyens d'exécuter avec plus de facilité des ouvrages de moindre importance , tels que des jeux d'échecs, des étuis sculptés, des tabatières et des jouets d'enfant.

(2) Toutefois il en est une petite espèce, nommée *Poussin*, la ressource et le travail habituel des pauvres ouvrières de cette ville, et qui se recommande par son bon marché et son effet agréable autour des garnitures des collerettes et des robes du matin : les dames étrangères qui viennent visiter notre ville, font tous les ans d'amples provisions de cette petite dentelle.

(3) Il n'y a pas encore beaucoup d'années que Dieppe avoit une manufacture de tabac dont les produits étoient très-renommés. Elle nous fut enlevée par un homme qui n'est plus, et donnée au Hâvre, que la guerre remplissoit alors de misère. Les choses ont changé; et nous pensons qu'il seroit juste, si le monopole devoit durer, de rendre à Dieppe son ancienne manufacture.

Son commerce se borne à peu près, aujourd'hui, à l'importation de fers, de charbon de terre de Newcastle, de bois du Nord, et aux produits des pêches. Nous donnons sur les différentes pêches que font nos marins, un aperçu que nous devons à des notes qu'on nous a communiquées et qui sont de la plus grande exactitude.

## CHALUT.

Le *chalut* est un filet d'environ trente pieds de largeur sur soixante de longueur, fait en forme de sac, dont l'ouverture ou partie supérieure est attachée à une traverse en bois de cinq pouces de diamètre, aux extrémités de laquelle sont fixés des *chandeliers* en fer qui maintiennent cette *gueule* ouverte. La partie inférieure de l'ouverture du filet est garnie d'une chaîne de fer. Toute la machine pèse plus de *deux cents livres*. Le tout est traîné par un cable joignant deux cordages attachés à la traverse de bois.

Cet instrument a été connu anciennement sous les noms de *dreige, drague, cauche* ou *chausse*. La première ordonnance concernant *la pêche de la dreige* est celle de Louis XIV, du mois d'août 1681. Des modifications dans la longueur du filet, dans la largeur des mailles, dans la pesanteur de la traverse d'en bas le firent appeler *rêt traversier et chalut*. Ce dernier nom et celui populaire de *cauche* ont prévalu, et l'objet qu'ils désignent est mainte-

nant plus pesant et plus destructeur que n'é-
toit l'ancienne drague. Une déclaration du
roi du 23 avril 1726 interdit l'usage de cet
instrument ou filet traînant. Une autre déclaration du 20 décembre 1729 permit l'usage
du *chalut*, que l'on considéroit alors comme
différent de la *drague* en ce qu'il rouloit sur le
fond, tandis que le dernier le grattoit. Une ordonnance du 16 avril 1744 défendit l'usage
du *chalut*. Il fut permis de nouveau par une
ordonnance du 31 octobre 1744, mais seulement depuis le premier septembre jusqu'au
30 avril. De nouvelles défenses eurent lieu en
1746 et 1766. Une ordonnance du 13 mai 1818
permit derechef l'usage du *chalut* sous des
modifications, formalités, restrictions et peines
qui sont facilement éludées par les contreve-
nans.

Le *chalut*, attaché par son cable derrière le
bateau qui vogue à pleines voiles, traine sur
le fond de la mer, et, *raclant* la superficie du
sol, engouffre dans son sein, pêle-mêle, poissons petits et gros, jeunes et vieux, varecs,
quartiers de roche, en un mot tout ce qu'il
rencontre. Il comble et nivèle les bas fonds,
il extirpe les plantes marines destinées à abri-
ter le jeune poisson, dissémine et détruit le
frai. Il est considéré par les marins des quartiers de Dieppe et de Boulogne, comme un
filet nuisible et destructeur ; de-là la contesta-
tion qui existe entre ces marins et ceux de la
côte du Calvados.

Le poisson provenant du *chalut* est inférieur

en qualité à celui qui est pêché avec les lignes
ou filets dormans. Il se vend toujours deux
tiers de moins que ce dernier; sa chair n'a
pas la même consistance; il a souvent une
couleur pâle et livide. On pêche avec le *chalut* toute espèce de poisson ; excepté le hareng,
le maquereau, la morue et le congre qui ne
tiennent pas le fond de la mer, mais nagent
entre deux eaux.

Le nombre des hommes employés à la pêche
du chalut n'est que le quart de celui qui est
employé dans les autres barques de pêche. Sous
ce point de vue le chalut est préjudiciable à la
formation des marins, contraire à l'intérêt de
l'Etat : il l'est aussi sous le point de vue de
l'industrie, puisque les frais d'armement d'un
*chalutier* (bateau à chalut), étant de moitié
moindres que ceux d'un bateau à filets dormans, il y a un moins grand nombre d'individus intéressés dans cet armement, et moins
de capitaux en mouvement.

On compte au moins soixante barques *cha-
lutières* appartenant au quartier de Dieppe.
Il en vient de la côte du Calvados de cent à
cent vingt. Le terme moyen de la capacité de
ces barques est d'environ vingt-cinq tonneaux.
Une partie des propriétaires de ces barques,
à Dieppe, leur donnent cette destination avec
répugnance : ils verroient avec joie l'ordonnance qui mettroit fin à ce mode de destruction.

5*

## DES MOYENS DE PÊCHE AUTRES QUE LE FILET
### TRAÎNANT.

Les cordes ou lignes garnies d'*hains* ou hameçons, sédentaires ou flottantes, les filets dormans, telles que les *folles*, ou dérivans, tels que les *sennes* et les *mannets*, sont les moyens qu'on emploie pour pêcher le poisson le plus frais et de la meilleure qualité.

Avec les cordes ou lignes sédentaires on pêche, en hiver, le merlan, le carlet, la limande, la sole, la raie, le congre, la lingue, le turbot, la morue ou cabillaud; en été, le merlan, la raie, le congre et le chien de mer.

Avec les cordes flottantes, appelées la *balle*, l'*applet*, dont on ne se sert qu'en été, on pêche le maquereau.

Avec les *folles* on pêche la raie, le turbot, tous les poissons plats et les crustacés (1). Les

---

(1) Parmi les crustacés enveloppés ou pris dans les folles, on recherche comme un mets délicat et estimé le Crabe tourteau ( *Cancer pagurus* ). Il a l'extrémité des pinces de couleur noire, il se distingue par neuf incisions sur les côtés de la carapace; il pèse quelquefois jusqu'à cinq et six livres, on le nomme aussi *Poupart*. Une autre espèce de crustacés encore plus recherchée, que l'on trouve dans les mêmes filets est le Homard (*Astacus marinus* ), sorte d'écrevisse qui a jusqu'à un pied et demi de longueur, dont le corselet uni et jaspé, de couleur brun verdâtre est remarquable par les pinces très-grosses et les longues antennes qui le dépassent.

Deux autres petites espèces de crustacés, d'un goût très-délicat, se pêchent abondamment le long et au bord

*folles* sont des filets dormans, ayant en longueur depuis soixante-quinze pieds jusqu'à
trois cents, et de hauteur six pieds. Ils sont
garnis, à leur extrémité inférieure, de pierres

---

de nos côtes, au moyen d'un petit filet en forme d'une
*chausse* d'Hippocrate, que l'on pousse dans la mer devant soi, à l'aide d'un manche auquel il est attaché ; ce
sont le *Crangon vulgaris* ou *crevette de mer*, et le *Palæ-
mon serratus* ou *Salicoque* ; c'est à tort que dans Dieppe
on donne ce dernier nom à l'espèce précédente. Le pa-
lémon ou *Salicoque* s'appelle ici, comme dans d'autres
lieux, *Bouquet*. Cette dernière espèce est garnie souvent
vers la partie qui recouvre les branchies d'une protubé-
rance latérale remarquable, sous laquelle on trouve un
petit animal parasite, ovale, aplati, mou et ridé trans-
versalement aux deux côtés d'une nervure médiane. Ce
petit animal qui est un crustacé de l'ordre des *isopodes*,
a été considéré long-temps par nos pêcheurs comme de
jeunes soles ou de jeunes plies, passant ainsi le premier
temps de leur existence fixées sous le têt des palémons ou
salicoques ; cette petite espèce de crustacé parasite se
nomme *Bopyre* (*Bopyrus squillarum*). Elle est constamment accompagnée à son extrémité pointue d'un autre
petit animal, que l'on ne remarque facilement qu'à l'aide
d'une loupe ; son corps est allongé, linéaire, il a une tête
distincte pourvue de deux petits yeux noirs : cet individu
est, suivant DESMAREST, le mâle du *Bopyre*.

Les amateurs d'histoire naturelle remarquent et ra-
massent avec intérêt un grand nombre de productions
curieuses rapportées du milieu et du fond de la mer par
les filets appelés folles, telles que de longues lanières
olivâtres, souples, étroites, comprimées, c'est le *Fucus
loreus* ; de longues ramifications nombreuses, encore
plus étroites, brunes, garnies à leurs extrémités de petites gousses allongées, pointues, en forme de siliques,
c'est le *Fucus siliquosus* ; des houpes de filamens bruns,
arrondis, imbriqués, assez semblables pour la forme aux

de silex arrondies ; dans le haut sont placées des *flottes* de liége. Ces filets sont assemblés les uns à côté des autres, en telle quantité qu'ils occupent à la mer près d'une lieue d'étendue.

---

jeunes pousses d'un mélèze, c'est le *Ceramium pinastroïdes*. Avec ces espèces végétales se mêlent d'élégans plumets d'un jaune citrin ; de petits arbustes extrêmement déliés, souples, tournés en spirale ; d'autres courbés comme les branches du cyprès ; des touffes capillaires garnies de vésicules semblables aux *lentes* des enfans ; des rameaux grêles étendus, roides et pectinés comme les feuilles de sapins ; des jets à ramules courtes, divariquées, d'un jaune argentin ; de petits tuyaux cornés, entortillés ou formant de nombreuses agglomérations ; des expansions découpées, comme cartonnées, jaunâtres, d'une odeur pénétrante et garnies, sur les deux faces, de séries de petites cases, visibles à la loupe. Sous ces formes voisines de celles des plantes, ces productions, que le fécond et brillant auteur des études et des harmonies de la nature distinguoit et confondoit sous le nom de *fucus blancs*, présentent, à l'œil armé et attentif de l'observateur, des animaux très-simples, végétant dans leurs cellules, agrégés ou implantés les uns sur les autres, ayant ainsi une vie particulière et une vie commune. Ces productions considérées généralement s'appellent *Polypiers* et leurs hôtes *Polypes ;* Delille, le Virgile françois, a dit :

> Eh ! qui n'admireroit cet être mitoyen
> Des règnes qu'il unit étrange citoyen ?

Les espèces énoncées ci-dessus, sont, dans leur ordre de citation, *Nemertesia antennina, Aglaophenia falcata, Sertularia cupressina, Dynamena operculata, Sertularia abietina, Sertularia argentea, Tubularia indivisa, et Flustra foliacea.* Il faut ajouter à cette liste l'*Eschara foliacea* et le *Nullipora polymorpha.* Ces productions d'une nature crétacée, comme pierreuse, étoient connues sous le nom de *Madrépores,* elles sont aussi le produit de polypes, hôtes et architectes. La première espèce forme de

Les *folles* descendent au fond de la mer, où elles se fixent au moyen des pierres dont elles sont garnies, et elles s'y tiennent perpendiculaires au moyen des flottes de liége. Deux in-

---

grandes masses ou gâteaux jaunâtres, à cavités nombreuses et à expansions inégales roides et fragiles ; la seconde de couleur violette, lilas et blanche, ressemble à de petites pierres légères, étroites, subdivisées en ramifications nombreuses, irrégulières, arrondies ou obtuses, sa surface est unie et ne présente aucun *pore*, de-là le nom générique qu'elle a reçu.

On trouve encore dans les filets des espèces d'enveloppes convexes ou orbiculaires garnies de nombreux piquans ; des masses de tuyaux serpentans, blanchâtres, contournés et d'une matière crayeuse ; des grappes de grains noirs ou blancs, suivant qu'ils sont frais ou desséchés ; une capsule large, carrée, coriace, terminée par quatre pointes autour desquelles s'entortillent des filamens semblables à des cordes de boyaux. Ces productions appartiennent à des êtres plus élevés dans l'échelle animale que les *polypes* : la dernière est *l'œuf de la Raie* ( *raia* ) ; celles qui précèdent sont *les œufs de la Seiche* ( *Sepia officinalis* ), ils sont attachés les uns aux autres en grappes assez semblables à celles des raisins, de-là le nom vulgaire de *Raisins de mer ;* les tubes calcaires qui recouvrent ou entortillent les pierres, coquilles ou autres corps sous-marins, sont des *Serpules* (*Serpula*). Rien de joli, rien d'élégant comme le panache en forme d'éventail et teint de brillantes couleurs, que porte à son extrémité antérieure chacun des animaux vermiculaires que renferment ces tubes. Les tests épineux sont des *Oursins* (*Echinus*), vulgairement connus sous les noms de *Hérissons* et de *Châtaignes de mer ;* ils sont pourvus de deux grandes ouvertures, l'une est l'anus et l'autre est la bouche de l'animal, cette dernière est garnie de dents. La surface de l'enveloppe est percée de plusieurs rangées très - régulières d'innombrables petits trous disposés

dicateurs flottans, appelés *bouées*, restent à la
surface de l'eau à chaque extrémité du filet.
C'est à deux et quatre lieues de nos côtes, dans
l'été ; à trois lieues de celles d'Angleterre, dans
l'hiver ; à une lieue et demie de la même côte, au
printemps, que nos pêcheurs vont placer leurs
*folles*. Les filets restent à la mer trois ou quatre
jours. Les barques employées à cette sorte de
pêche sont de cinquante à soixante tonneaux,
et montées par quinze hommes.

Les filets flottans et dérivans sont la *senne*
pour le hareng, et le *mannet* pour le maquereau. Ce dernier filet a cinquante pieds de long
sur treize de hauteur ; ses mailles ont seize
lignes en carré ; il n'est pas garni de pierres à
l'extrémité inférieure ; il se maintient dans une
situation perpendiculaire, presqu'à la superficie

---

comme des allées de jardin, de-là le nom *d'ambulacres*
donné par LINNÉE à cette partie.
Si on veut obtenir des connoissances approfondies et étendues sur les animaux et sur les nombreuses familles de poissons que la mer renferme, il faut
consulter les traités généraux et spéciaux de LAMARCK,
CUVIER, LACÉPÈDE, GEOFFROI, DUMÉRIL, DESMAREST, et
*les principes d'anatomie comparée* que publie en ce
moment M. DE BLAINVILLE. On y trouvera l'organisation
des animaux, depuis la monade jusqu'au plus puissant
des mammifères, exposée, décrite et comparée d'une manière claire, à la fois succincte, complète et très-raison-
née. M. DE BLAINVILLE, professeur d'anatomie, de physiologie comparées et de zoologie à la faculté des sciences
de Paris, né dans nos environs, appartient à notre ville.
Le sentiment patriotique nous fait un devoir de payer
un tribut particulier d'hommages aux nombreux travaux
et aux ouvrages estimés de ce laborieux savant.

de l'eau, par sa propre pesanteur, et au moyen
tant des flottes de liége qui garnissent la partie
supérieure, que des petits barils vides, appelés
*quarts*, fixés sur un cordage appelé *halin*, auquel
les assemblages de ce filet sont attachés. Les
*mannets* occupent à la mer environ une lieue
d'étendue.

Les *sennes* ont à peu près trente pieds en carré, c'est presque le même mode d'arrangement
que dans le précédent filet; la maille a un pouce
carré; les flottes de liége sont à une plus grande
distance les unes des autres; cette distance est
environ de cinq pieds. Le filet descend dans les
eaux dix pieds au-dessous de leur surface, et
toujours par sa propre pesanteur. L'assemblage
de ces pièces de filets occupe à la mer une étendue d'environ deux tiers de lieue en longueur.

LA PÊCHE DU MAQUEREAU se fait, au sud de
l'Irlande, à douze, vingt et trente lieues de la
côte. Les barques qui font cette pêche sont de
soixante à soixante-dix tonneaux, montées
de vingt-deux à vingt-trois hommes. Chaque
homme a un lot de seize filets, ce qui fait à bord
de chaque barque, en surface, environ deux
cent quarante mille pieds de filets. Le gouvernement accorde du sel en franchise de droits,
pour la salaison du maquereau. Arrivé à terre,
le maquereau, qui a été saturé de sel dans les
barques, est lavé dans les ateliers, disposé dans
des barils sur une couche alternative de sel
neuf, ce qu'on appelle *pacqué*. Ainsi préparé,
il est livré au commerce. Chaque quintal de
maquereaux, ainsi confectionné, emploie en-

viron soixante-trois kilo. de sel. La pêche du maquereau commence en mai et finit en juillet.

LA PÊCHE DU HARENG se fait, en septembre, à l'est des côtes d'Angleterre, à la hauteur de *Yarmouth* que les marins appellent *Germuth*. En octobre, on le cherche à l'entrée de la Manche vers le Pas-de-Calais; en novembre et décembre, il longe les côtes de la Somme et de la Seine-Inférieure, où il dépose en partie son frai; après quoi il va, vers la fin de janvier, *s'entasser* dans la baie de Portsmouth ou dans les sables de l'Escaut. Les barques employées à cette pêche sont de vingt-neuf à quatre-vingts tonneaux, montées de quinze à trente hommes. Dieppe en arme quarante à cinquante. Il en entre dans ce port, et il en sort, pour cette expédition, plus de cent cinquante pendant les quatre à cinq mois que dure la saison de la pêche. Le lot de chaque matelot étant de huit filets, suppose par barque l'emploi de cent vingt-cinq à cent trente mille pieds de filets. Le sel en franchise de droits, est aussi accordé par le gouvernement pour la salaison du hareng.

Une partie de ce poisson est soumise à une préparation qui consiste à le vider de ses *ouïes* et de ses *breuilles*, au moyen d'une incision qu'on lui fait à la gorge. Ainsi préparé, il s'appelle *hareng caqué;* il est mis dans des barils, par couche alternative de sel et de poissons. Le hareng caqué, étant resté le temps suffisant dans la saumure pour le saler, est débarqué à terre, conduit dans les ateliers, où, après l'avoir lavé, on l'alite sans sel, et on le presse dans des quarts et des demi-barils pour les besoins de la consommation et les envois du commerce. Ainsi préparé il s'appelle *hareng paqué*, et présente, s'il est bien salé et de bon aloi, un coup-d'œil brillant et argentin.

Les harengs qui n'ont été ni vidés, ni incisés, s'appellent *harengs braillés*. Ils sont salés *en barils* ou *en vrac*, dans des cases ou compartimens existans dans les barques : dans ce dernier cas, ils prennent le nom de *harengs bacs*. Les harengs braillés, soit en barils, soit en vrac, sont conduits aussi dans les ateliers, enfilés à des baguettes, placés dans des greniers ou dans des cheminées, exposés à l'action de la fumée, pendant un certain temps, pour y *saurir* ou *bouffir* ; de-là les noms de harengs *saurs* et *bouffis*, donnés à ces harengs que l'on voit sur les marchés de France, d'Europe et aux Colonies étaler leur robe dorée.

La quantité de sel employée par quintal métrique de harengs *caqués*, est de 27 à 30 kil.; celle des harengs *braillés* est de 75, 155 et 180 kil. par 12,240 poissons, suivant les divers degrés de salaison qu'on veut leur donner, et l'état de *bouffis* ou de *saurs* auquel on les destine.

« La pêche du hareng, » comme l'a écrit dernièrement un employé philantrope de la marine de Calais, qui exhortoit ses concitoyens à se livrer à ce genre d'industrie, « est une » source inépuisable de richesses, une mine

» des plus précieuses à exploiter; elle donne
» du travail aux charpentiers, aux calfats,
» aux voiliers, aux cordiers, aux tonneliers;
» elle emploie et forme un grand nombre de
» marins; les femmes et les enfans de la classe
» indigente y trouvent des moyens d'exis-
» tence; elle favorise la navigation du cabo-
» tage pour le transport du sel nécessaire à la
» préparation du hareng, et pour l'expédition
» de ce poisson salé dans les divers ports de
»ʻFrance, d'Europe et aux Colonies; elle pro-
» cure aux armateurs des bénéfices propor-
» tionnés à leur mise dehors; elle occasione
» chaque année un mouvement de fonds
» de plusieurs millions; depuis le négociant
» le plus en crédit par sa fortune, jusqu'au
» plus mince détaillant, chacun y trouve un
» aliment sûr à son commerce. »

Convient-il de limiter la pêche du hareng?
Celui que l'on pêche après le 15 janvier, dépourvu de ses œufs, et que dans cet état de
maigreur l'on appelle hareng *gai*, est-il
propre à la consommation? Nos marins pê-
chent-ils réellement ce poisson après cette
époque, ou vont-ils l'acheter en Angleterre
où il échoue et s'entasse dans la baie de Portsmouth? La quantité de sel allouée en franchise
de droits par le gouvernement pour la salaison
du hareng plein, n'est-elle pas fraudée lorsqu'elle est dite employée aux harengs *gais*,
mous, maigres, décharnés, de l'arrière-saison?

Voilà les questions que *l'illimitation* de la
pêche du hareng fait naître dans l'intérêt de

la marine royale, du trésor public, du commerce et de la pêche elle-même. Ces questions sont approfondies dans un mémoire de la chambre de commerce de Dieppe du 29 janvier 1821. Il y est dit : « Que soixante-dix à » quatre-vingts lieues de côtes, à partir de » Dunkerque, jusques et compris le Hâvre, » demandent la limitation; et vingt-cinq lieues » de côtes à partir du Hâvre, jusqu'aux con- » fins du département de la Manche, s'inté- » ressent pour la *non-limitation*. »

Depuis 1687 jusqu'en 1794, durant plus d'un siècle, la pêche du hareng fut limitée au 31 décembre par des lois positives. Le texte de l'arrêt du 16 mars 1687 constate qu'antérieurement à cette époque l'usage s'é- toit pratiqué *de tout temps* de ne point pêcher le hareng après Noël.

Le décret du 15 vendémiaire an II (6 octobre 1793) abrogea ces lois.

L'ordonnance royale, du 14 août 1816, li- mita de nouveau la pêche du hareng : il ne fut pas permis de la faire après le 15 janvier.

Mais cette ordonnance fut abrogée par celle du 4 janvier 1822, qui remit en vigueur la loi du 6 octobre 1793, et prononça l'illi- mitation de la pêche du hareng qui a lieu de- puis cette époque.

A l'aide des tableaux (1) suivans, les lec-

---

(1) Nous devons les renseignemens *précis* et *positifs* que renferment ces deux tableaux au zèle obligeant de

teurs pourront apprécier et comparer les résultats de la pêche du hareng et du maquereau (1), et les produits de leur salaison, tant en mer qu'à terre, pendant les cinq dernières années :

## PÊCHE ET SALAISON

### DU HARENG.

| ANNÉES. | NOMBRE des barques armées à Dieppe | NOMBRE des tonneaux. | NOMBRE des hommes d'équipage | NOMBRE des ateliers de salaisons. | SALAISONS CONFECTIONNÉES. | | | QUANTITÉ des sels employés aux salaisons. | VALEUR des salaisons. |
|---|---|---|---|---|---|---|---|---|---|
| | | | | | harengs blancs. | harengs saurs. | harengs bouflis. | | |
| | | | | | kil. | pois. | pois | kil. | fr |
| 1819 | 57 | 2,471 | 1,509 | 72 | 783,356 | 2,391,570 | 914,687 | 280,903 | 608,036 |
| 1820 | 62 | 2,465 | 1,674 | 72 | 481,270 | 2,182,539 | 2,815,871 | 194,037 | 568,854 |
| 1821 | 55 | 2,132 | 1,103 | 57 | 487,061 | 1,608,230 | 2,521,351 | 199,159 | 522,682 |
| 1822 | 29 | 1,331 | 658 | 67 | 1,158,138 | 4,841,252 | 1,038,064 | 427,126 | 1,018,62 |
| 1823 | 40 | 1,609 | 859 | 68 | 1,175,994 | 4,339,306 | 3,236,793 | 449,149 | 1,125,67 |

M. CATODEAU qui a bien voulu se livrer, pour ce travail, à un dépouillement fastidieux.

(1) Outre les salaisons de hareng et de maquereau qui ont lieu en mer, à bord des barques, il s'en fait aussi à terre un grand nombre dans *les ateliers,* où ces poissons sont apportés frais, débarquant des bateaux qui, sans sortir de la Manche, les ont pêchés à peu de distance de nos côtes. La préparation et la distinction de ces poissons dans les ateliers est la même que celle des harengs et des maquereaux salés en mer.

# PÊCHE ET SALAISON

## DU MAQUEREAU.

| nées. | NOMBRE des barques armées à Dieppe. | NOMBRE des tonneaux. | NOMBRE des hommes d'équipage. | NOMBRE des ateliers de salaisons. | SALAISONS CONFECTIONNÉES. | | QUANTITÉ des sels employés aux salaisons. | VALEUR des salaisons. |
|---|---|---|---|---|---|---|---|---|
| | | | | | maquereaux. | rognes de maquereaux. | | |
| | | | | | kil. | kil. | kil. | fr. |
| 819 | 26 | 1,107 | 728 | 39 | 419,450 | 59,552 | 156,666 | 321,604 |
| 820 | 16 | 887 | 448 | 40 | 384,630 | 45,535 | 198,572 | 290,642 |
| 821 | 13 | 746 | 364 | 41 | 594,467 | 47,574 | 196,588 | 438,486 |
| 822 | 14 | 759 | 312 | 24 | 281,009 | 19,976 | 112,424 | 206,094 |
| 823 | 5 | 330 | 140 | 31 | 298,367 | 8,995 | 114,252 | 213,084 |

# PÊCHE DE LA MORUE.

Feu notre savant et laborieux compatriote Noel, dit, dans son Essai sur le département de la Seine - Inférieure, qu'avant la guerre Dieppe n'armoit plus pour la pêche d'Islande, et fort peu pour celle de Terre-Neuve. Félicitons nos armateurs et nos marins d'avoir repris, à la paix, cette branche d'industrie maritime, si profitable à leurs ancêtres et l'école de nos meilleurs matelots; qu'ils persévèrent dans leurs armemens pour la pêche de la morue dans ces parages; qu'ils n'oublient pas que la préparation et la salaison de ce poisson, au banc de Terre-Neuve, demande un soin tout particulier; que c'est de l'attention scrupuleuse apportée dans la confection de cette salaison que dépend sa qualité, sa conservation, et sa supériorité de valeur dans les marchés. Les primes et l'abondance des sels en franchise de droits accordées par le gouvernement à titre d'encouragement pour cette pêche, fournissent les moyens de préparer convenablement cette denrée.

Les bâtimens qui font la pêche de la morue sont de 60 à 190 tonneaux, montés de quinze à seize hommes d'équipage. Les moyens employés par les marins dieppois pour pêcher la morue au *banc de Terre-Neuve*, sont des filets appelés *cordes ou petits gants*. Chaque corde est armée de cent vingt à cent trente hameçons : on en met à la mer, chaque soir, quinze à vingt que l'on tire le lendemain matin au lever du soleil. Pendant qu'une partie de l'équipage dispose les filets, l'autre s'occupe de la préparation du poisson. L'un le décole, l'autre l'éventre, un autre lui enlève les intestins, un quatrième met dans des barils le foie d'où on tire l'huile, et un cinquième nettoie et vide le creux de l'estomac. C'est du soin que l'on apporte dans cette dernière partie et de la quantité de sel que l'on y fait pénétrer, à l'aide d'un instrument, que dépend la bonne confection et la conservation de cette précieuse denrée. Après cette préparation on étend la morue sur un lit épais de sel, on la couvre d'une couche épaisse semblable, et on continue ainsi alternativement à l'empiler.

Le moyen employé pour pêcher la morue dans les parages d'*Islande* est différent; c'est une ligne de cent vingt brasses de longueur, à l'extrémité de laquelle se trouve un plomb pour la faire couler et qui est garnie d'un hameçon ou *hain*. Chaque homme de l'équipage a sa ligne qu'il tire aussitôt que le poisson a mordu à l'appât. Le poisson est vidé et nettoyé comme on vient de l'expliquer, et fendu plus avant; mais, au lieu de l'empiler, il est mis dans des barils avec des couches alternatives de sel. Cette dernière préparation s'appelle saler en *saumure* ou en *tonne*, et l'autre saler *en vert* ou en *pile*.

Le voyage pour la pêche de la morue dure quatre mois : le départ des bâtimens a lieu en mars et avril, les retours s'effectuent en juillet et août. Quelques bâtimens entreprennent à cette époque un second voyage dont le retour a lieu en octobre.

Le tableau suivant fera connoître les armemens de cette pêche, et leurs produits pendant les années 1819 à 1823.

| ANNÉES. | NOMBRE des bâtimens armés à Dieppe. | NOMBRE des tonneaux. | NOMBRE des hommes d'équipage | NOMBRE des ateliers. | QUANTITÉ DES MORUES SALÉES. | | QUANTITÉ des sels employés. | QUANTITÉ des huiles extraites. | VALEUR des salaisons et des huiles. |
|---|---|---|---|---|---|---|---|---|---|
| | | | | | en nombre. | en poids. | | | |
| | | | | | | kn. | kil. | kil. | fr. |
| 1819 | 24 | 2141 | 468 | 19 | 550,456 | 1,675,025 | 1,428,861 | 27,540 | 594,294 |
| 1820 | 33 | 3500 | 458 | 24 | 501,288 | 1,562,561 | 1,422,571 | 40,292 | 567,532 |
| 1821 | 26 | 3064 | 354 | 22 | 452,741 | 1,337,774 | 1,225,052 | 34,163 | 485,589 |
| 1822 | 15 | 1829 | 218 | 21 | 243,684 | 694,518 | 914,293 | 12,563 | 247,442 |
| 1823 | 11 | 1065 | 143 | 12 | 108,343 | 367,777 | 568,840 | 7,169 | 131,496 |

Avant de quitter ce sujet, nous devons signaler une maladie très-fréquente à *Terre-
Neuve*, surtout chez les *pêcheurs françois*,
c'est le *Panaris*, vulgairement *Tourniole*, *Mal
d'aventure*, dont les suites sont presque toujours fâcheuses, si l'on ne parvient à détruire
le mal *aussitôt* qu'il se fait sentir.

Les armateurs et les capitaines devant craindre
que des accidens de cette nature n'empêchent un
grand nombre d'hommes de se livrer à la pêche,
et de déployer l'activité nécessaire pour profiter
du moment où la morue abonde, recomman-
deront aux gens de leur équipage le soin scru-
puleux de faire traiter les *Panaris* et en général toutes les tumeurs phlegmoneuses des doigts
et des mains, dès leur début et à l'apparition
de la plus petite gerçure ou crevasse ; d'éviter
surtout l'application des substances irritantes
qu'on appelle *maturatives*, telles que l'onguent
de la mère, le baume d'arcæus, celui de sty-
rax, etc. Les nombreux exemples de panaris
traités par M̃. BERGERON, chirurgien-major de
la corvette la SEINE, prouvent que les progrès
en ont été arrêtés avec succès par l'application de sangsues, renouvelée souvent deux
ou trois fois, et ensuite par l'immersion de la
partie malade dans l'eau froide, et même, les
manuluves avec l'eau végéto-minérale. Des
bains locaux opiacés ont été également employés avec succès lorsque des douleurs
vives l'ont exigé. Au moyen de ce traitement
simple, promptement employé, les matelots
ont été rendus de suite à leur travail. Ceux,

au contraire, qui ont laissé le mal s'empirer ou qui ont fait usage des substances irritantes, se sont vus pendant très-long-temps dans l'impossibilité de rendre aucun service.

## PÊCHE DE LA BALEINE (1).

Avant de présenter les résultats de l'essai laborieux que le port de Dieppe entreprend, chaque année, pour l'armement de la pêche de la baleine, nous devons consacrer quelques lignes à cet énorme *Mammifère*, dont la taille démesurée ne peut avoir de terme de comparaison que dans les plus grandes mesures terrestres. Suivant nos naturalistes, de toutes les parties de la zoologie, aucune n'avoit éprouvé plus de retard dans sa marche que l'histoire des *Cétacés*, et elle sembloit réservée au génie de LACÉPÈDE qui a comblé sur ce point le désir des savans.

L'ensemble de la baleine est une ellipse plus ou moins parfaite; tantôt son corps ne paroît être autre chose que deux cônes accolés l'un à l'autre par leurs bases; tantôt elle présente la figure d'une sorte de cylindre immense et irrégulier, dont le diamètre est à peu près égal au tiers de la longueur totale. Parmi les individus de ce genre que l'on rencontre à une grande distance du pôle arctique, il s'en

(1) Selon *Bochart*, le nom de baleine dérive du phénicien *bal nun*, roi de la mer; d'où il conclut que la pêche en a été faite par les Tyriens. Les livres hébreux parlent aussi des baleines; mais quel étoit l'animal ainsi nommé? (Dict. class. d'hist. nat. t. 2. p. 158.)

6*

trouve aujourd'hui qui ont depuis soixante jusqu'à cent vingt pieds de long; on en rencontre aussi communément de vingt-quatre à quarante-huit pieds. Lorsque le temps n'a pas manqué à son entier développement, on assure que cette reine dominatrice des ondes présente des dimensions effrayantes; il n'est nullement douteux qu'on n'ait vu de ces animaux, à de certaines époques et dans certaines mers, de la longueur de près de trois cents pieds, et dont le poids excédoit plus de cent cinquante mille kilogrammes.

La baleine offre pour caractères distinctifs des *fanons*, en place de dents, une peau nue et de diverses couleurs, des *mamelles*, des *évents*, des nageoires au lieu de bras, point d'extrémités postérieures, *le sang rouge et chaud*, deux ventricules et deux oreillettes au cœur, des vertèbres et des poumons.

L'ouverture de la bouche de certaines espèces est si vaste, que, suivant DUHAMEL DU MONCEAU, un de ces individus, pris dans la baie de la Somme, en 1726, et qui n'avoit que soixante-dix pieds, offroit une bouche si grande que deux hommes pouvoient y entrer sans se baisser.

Dans l'intérieur de la bouche de la baleine, s'étend, depuis le bout du museau jusqu'à l'entrée du gosier, un os qui est recouvert d'une substance blanche et ferme, à laquelle on a donné le nom de *gencive*. C'est le long et de chaque côté de cet os que les *fanons* sont placés, dans une situation foiblement incli-

née d'avant en arrière. Les fanons sont com-
posés de poils, ou, pour mieux dire, de crins,
disposés les uns à côté des autres dans le
sens de leur longueur; ils sont très-rapprochés,
réunis et comme collés ensemble par une substance gélatineuse qui, en se séchant, donne
à la surface de chaque fanon une couche unie,
luisante et à peu près semblable à celle de
l'écaille ou de la corne. Les fanons vus séparé-
ment sont allongés, et diminuent sensiblement
en hauteur et en épaisseur de la base à la pointe;
ils ont la forme d'une lame de faux, ils se
courbent un peu, comme cet instrument, dans
leur longueur. Leur bord, tranchant dans la
partie inférieure, est garni de bas en haut
de crins désunis, qui offrent à la vue une sorte
de frange, d'autant plus touffue et plus longue
qu'elle approche davantage de l'extrémité
du fanon. La couleur ordinaire de ces lames
cornées est d'un noir marbré par des nuances
foncées. La longueur des fanons varie depuis
un pied jusqu'à vingt-cinq; on en compte de
chaque côté des os de la mâchoire jusqu'à trois
ou quatre cents. L'industrie commerciale emploie la matière souple, légère et élastique des
fanons à la monture des parapluies, aux baguettes des fusils de chasse, aux corsets des
femmes, aux manches des rasoirs. Elle est employée aussi, maintenant, à la confection de
fleurs artificielles très-élégantes (1).

---

(1) En 1202, le comte de Boulogne, dans l'armée qui
combattit Philippe-Auguste à Bouvines, avait un pana-

Les *évents* sont deux canaux situés vers le milieu de la grande voûte de la tête; ce sont des organes respiratoires, qui n'ont pas la même forme ni la même situation dans les différentes espèces de baleines; ils servent, dans l'acte de l'expiration, au passage d'un mélange de vapeurs et de mucosité que la condensation par le froid de l'air a fait prendre pour de l'eau : ce n'est que dans des momens de colère, ou après la déglutition, que la baleine rejette réellement de l'eau par l'évent.

Les baleines sont de véritables animaux bipèdes, ou plutôt elles sont sans pieds, et n'ont que deux bras, dont elles se servent pour ramer, se battre et soigner leurs petits. Ces deux bras ont pu être comparés aux deux nageoires pectorales des poissons; mais ils en diffèrent par leur organisation. Si la nageoire dorsale, qui est près de l'extrémité de la queue, si cette queue même, si puissante pour la natation de la baleine, si redoutable dans les combats qu'elle livre, se trouve divisée en deux lobes

---

che de fanons de baleine effilés. ( Dict. class. d'hist. naturelle, t. 2., p. 416. )

En 1824, le 28 avril, à la séance générale de la société d'encouragement pour l'industrie nationale, on remarquoit à l'exposition des produits industriels « *des fleurs* » *en baleine*, d'un éclat et d'une vérité admirables, et » qui prouvent que la fabrique de M. *Achille* de BER- » NARDIÈRE se perfectionne de plus en plus. » ( Revue encyclopéd. Mai 1824, vol. 22, p. 506. )

très-longs, en forme de nageoires; si la présence de ces trois nageoires donne à la baleine un trait de ressemblance avec les poissons, et paroît un moment l'éloigner des mammifères, on ne tarde pas à l'en rapprocher, par
la considération des organes qui servent à per-
pétuer son espèce. C'est dans l'ouvrage même
de M. LACÉPÈDE, qu'il faut lire la description
des organes de la baleine, suivre ses amours,
son accouplement, sa gestation et les soins af-
fectueux qu'elle donne à son petit. Le temps
de la gestation est de dix mois. Le *Baleineau*
tète au moins pendant un an, la tendresse et
l'affection de la mère pour son enfant durent
quelquefois trois ou quatre ans : tout ce temps,
elle ne le perd pas de vue une minute. Feu le
bienfaisant GÉRARDIN a dit de ce touchant exemple de l'affection maternelle : « Emblème du
» bonheur parfait qui est la source de la féli-
» cité pour toute ame sensible, pourquoi donc
» la surface entière du globe ne peut-elle vous
» offrir un asile assuré? Pourquoi ces immen-
» ses mers ne peuvent-elles vous donner une
» retraite inviolable? »

Depuis 1820, un armement a lieu au port
de Dieppe chaque année, de mars en avril,
pour la pêche de la baleine et la chasse des
phoques aux glaces polaires du Groënland
ou du Spitzberg. Malgré les primes et immu-
nités qu'accorde le gouvernement, cette entreprise n'a point encore offert de bénéfices.
Le navire employé à cette expédition se nomme
le *Groënlandais*, il jauge 272 tonneaux; il est

, monté de quarante-huit hommes d'équipage,
dont le quart au plus d'Anglois. Les capitaines
qui ont successivement commandé cette expédition, les quatre années précédentes, étoient
Brémois et Anglois ; mais cette année (1824),
le commandement a été remis à un capitaine
françois, de Dieppe, nommé FROMENTIN, préparé et éprouvé par un voyage, comme
second, dans les mers polaires, à la poursuite
de la baleine. Cette marque de confiance étoit
due à la patiente sagacité et à la sage fermeté
de ce marin. Le retour de cette expédition a
lieu dans le courant du mois d'août. Avec quel
touchant intérêt on revoit ces intrépides matelots qui ont franchi des espaces qu'autrefois
on croyoit inaccessibles, qui ont pénétré à
travers les glaçons mouvans, se sont vus
environnés de montagnes de glaces flottantes,
ont bravé la fureur des animaux qui les
habitent, et ont, au péril de leurs jours, frappé
du *harpon* le puissant animal, au moment où
contraint de venir respirer l'air atmosphérique
il sortoit de sa retraite glacée et protectrice.

Les résultats de cette expédition dans les
quatre voyages déjà terminés, dont deux seulement ont été productifs, sont 1,823 peaux
de phoques, 19,305 kil. graisses de phoques,
12,091 kil. fanons de baleine, 164,310 kil.
graisses de baleine.

Ces graisses sont fondues, purifiées et con-
fectionnées en huile dans un établissement situé
sur la plage de la mer, au *Fort-Blanc* dans le
voisinage des bains, sous la falaise d'ouest.

On ne peut trop encourager cette entreprise dirigée par M. le Baron de Dieppe, et
applaudir à la persévérance des armateurs,
quand on pense qu'en France, c'est peut-être
la seule expédition de cette espèce qui ait lieu
pour la pêche de la baleine dans le Nord (1).

Si notre commerce de pêches n'amène pas
sur nos jetées le négociant qui voit passer dans
ses mains autant de millions qu'on compte de
barques de pêcheurs sur notre rade; si nous
ne voyons pas ces princes du commerce venir
contempler leurs pesans navires cinglant vers
le port avec une cargaison des riches produits
de l'Amérique ou de l'Inde ; l'entrée de notre
hâvre présente souvent un coup-d'œil auquel
un peintre donneroit la préférence; un syba-
rite, dans ces instans, s'assiéroit avec plaisir

---

(1) Des quatre expéditions faites au port de Dieppe,
celle de 1822 est la plus productive. Elle s'est avancée
jusqu'au soixante-dix-neuvième degré de latitude nord ;
c'est entre le soixante-treizième et le soixante-quator-
zième degré de cette latitude, et du dixième au onzième
de longitude ouest, que les baleines capturées ont été
harponnées.

Les tentatives courageuses du capitaine Parry dans
les régions du pôle arctique pour trouver un passage de
l'océan Atlantique dans le grand Océan, ont frayé aux
baleiniers de nouvelles routes et offert de nouveaux parages à explorer. Ceux qui se sont hasardés dans le dé-
troit de *Lancaster* en sont, dit-on, revenus avec de fortes
cargaisons.

Nous croyons devoir rappeler aux armateurs et aux
marins le rapport qui fut fait en 1820 à son Ex. le ministre de la marine par M. le comte de Rosily et M. le

sur le banc de bois de la jetée de Dieppe.
Vers la fin de la journée, au moment où la
brise rafraîchit le rivage, où une odeur toute
particulière à la mer stimule les sens d'une
manière agréable ; alors que le soleil vient de
se plonger dans l'Océan, et jette encore des
teintes d'or et de pourpre sur des nuages sus-
pendus légèrement vers le point de l'horizon
où il a disparu, des barques sont groupées à
l'ouverture du chenal, d'autres louvoient pai-
siblement, toutes attendent l'heure d'entrer.
Mais, plus ordinairement, afin d'éviter la perte
du temps, et permettre aux barques de rega-
gner le large, sans qu'elles aient été obligées
de toucher au port, des chaloupes transpor-
tent le poisson sur la grève, où le flot expire
avec un doux murmure. Là, sous un demi-jour,
si favorable à ce tableau, les produits de la pê-

---

chevalier de ROSSEL sur l'importance et l'utilité d'un
ouvrage anglois du capitaine SCORESBY, intitulé : *Histoire
et description des régions arctiques, et de la pêche de la
baleine* ( 2 vol. in.-8°. Londres 1820 ). Le premier volume
contient la description géographique et hydrographique
la plus complète que nous ayons des pays et des mers
qui environnent le pôle nord, et le second traite de ce qui
a rapport à la pêche de la baleine et à ses produits.
MM. Rosily et Rossel terminent ainsi leur rapport. « Les
» armateurs n'auront pas besoin d'aller puiser ailleurs
» des renseignemens sur la construction et l'armement
» des bâtimens qu'ils doivent employer, ni sur les pre-
» mières avances de leur entreprise ; les capitaines char-
» gés de diriger la pêche y trouveront toutes les prati-
» ques et règles de conduite propres à en assurer le
» succès. »

che sont reçus par des femmes, des enfans, des hommes; leurs différens habits de travail animent la scène; l'activité qui règne est un signal de joie qui ne manque pas d'être accueilli par les frères, les amans, les époux, les pères qui, de leurs barques, contemplent ces travaux avec une satisfaction pleine de calme. On se rappelle ces compositions flamandes qu'on ne peut se lasser d'admirer; ici, on est à l'école de la nature. Cependant il faut se hâter de jouir de ces belles soirées; la mer est soumise à l'inconstance; la crainte vient souvent vous glacer à la place même où, la veille, l'ame étoit réjouie par de tranquilles émotions. Bernardin de Saint-Pierre fut un jour témoin sur notre jetée d'un spectacle qu'il rend avec ce charme inexprimable qu'il a emporté avec lui. Voici ce qu'il raconte : « Il y a quelques » années que j'étois à Dieppe, vers l'équinoxe » de septembre; et un coup de vent s'étant » élevé, comme c'est l'ordinaire dans ce » temps-là, j'en fus voir l'effet sur le bord de » la mer. Il pouvoit être midi; plusieurs grands » bateaux étoient sortis le matin du port pour » aller à la pêche. Pendant que je considérois » leurs manœuvres, j'aperçus une troupe de » jeunes paysannes, jolies comme la plupart » des Cauchoises, qui sortoient de la ville avec » leurs longues coiffures blanches, que le vent » faisoit voltiger autour de leurs visages. » Elles s'avancèrent en folâtrant jusqu'à l'ex- » trémité de la jetée, que des ondées d'écume » marine couvroient de temps en temps. Une

» d'entre elles se tenoit à l'écart, triste et ré-
» veuse. Elle regardoit au loin les bateaux dont
» quelques-uns s'apercevoient à peine au mi-
» lieu d'un horizon fort noir. Ses compagnes
» d'abord se mirent à la railler pour tâcher de
» la distraire. « Est-ce que tu as là-bas ton
» bon ami? » lui disoient-elles. Mais comme
» elles la voyoient toujours sérieuse, elles lui
» crièrent : « Allons, ne restons pas là ! Pour-
» quoi t'affliges-tu? Reviens, reviens avec
» nous? » Et elles reprirent le chemin de la
» ville. Cette jeune fille les suivit lentement
» sans leur répondre ; et, quand elles furent
» à peu près hors de sa vue, derrière des
» monceaux de galets qui sont sur le chemin,
» elle s'approcha d'un grand calvaire qui est
» au milieu de la jetée, tira quelque argent
» de sa poche, le mit dans le tronc qui étoit
» au pied; puis elle s'agenouilla, et fit sa priè-
» re, les mains jointes et les yeux levés au
» ciel. Les vagues qui assourdissoient en bri-
» sant sur la côte, le vent qui agitoit les gros-
» ses lanternes du crucifix, le danger sur la
» mer, l'inquiétude sur la terre, la confiance
» dans le ciel, donnoient à l'amour de cette
» pauvre paysanne une étendue et une ma-
» jesté que les palais des grands ne sauroient
» donner à leurs passions.

» Elle ne tarda pas à se tranquilliser, car
» tous les bateaux rentrèrent dans l'après-midi
» sans avoir éprouvé aucun dommage (1). »

---

(1) Etudes de la nature, p. 512 — 513, t. 1er.

Bernardin de Saint-Pierre visita plus d'une
fois notre ville où il avoit une partie de sa famille. Plusieurs hommes célèbres s'y sont rendus à différentes époques, et tous ont emporté
le désir de voir le gouvernement accorder
une juste protection à un port si intéressant.

Quelques citoyens ont essayé dernièrement
de faire revivre les projets que poursuivit, il
y a trente-sept ou quarante ans, M. LEMOYNE,
qui sacrifia sa fortune à solliciter près du
gouvernement l'exécution des travaux qui
eussent rendu à Dieppe le rang qu'il mérite
entre les premières villes de France (1).

---

(1) Duquesne avoit, en 1667, présenté à Louis XIV
un mémoire dans lequel il démontroit combien la vallée
de Dieppe offroit d'avantages pour la construction d'un
des plus beaux ports du monde. Le ministre Colbert
vint visiter Dieppe en 1672. Il paroît qu'un sieur de
Fumechon lui avoit présenté le projet d'un canal de
Dieppe à Pontoise. Colbert en visitant notre port reconnut d'un coup-d'œil combien les lieux étoient favo-
rables : s'étant rendu là où sont aujourd'hui les écluses
de chasse, après avoir réfléchi quelques instans, il dit
au corps municipal qui l'accompagnoit : « Il paroît que
» vous n'avez jamais connu le don que vous a fait la na-
» ture; si vous pratiquiez un passage d'eau dans le ter-
» rain que je viens de marcher, et une écluse où je suis,
» dont l'explosion nettoieroit et creuseroit une entrée
» directe, vous auriez un des plus beaux ports du royaume
» et un bassin sûr et tranquille. Je trouve votre situation
» si avantageuse, que je puis vous assurer, de la part de Sa
» Majesté, le paiement de la moitié des fonds néces-
» saires pour ce travail, si vous voulez y contribuer
» pour l'autre moitié. » ( Mém. chron. imp. t. 2, p. 65
et 66. ) Nous parlerons un jour d'une manière plus détaillée des projets de Colbert.

Une nouvelle entrée de port, plus au centre
de la vallée, un bassin, un canal de navigation de Dieppe à Paris, furent l'objet constant de ses sollicitudes durant sa longue carrière; et s'il n'a laissé après lui que des projets,
sa mémoire n'en est pas moins vénérable (1).

En 1789, on avoit déjà commencé les travaux nécessaires à l'ouverture d'une nouvelle
passe. Une digue circulaire qui devoit proté-

---

(1) M. LEMOYNE fut maire de Dieppe. Sans cesse occupé de projets utiles à sa ville et à sa patrie, il fit construire, sur la jetée de Dieppe, le phare à éclipse qui, la
nuit, annonce aux navigateurs que la marée est assez
haute pour qu'ils puissent entrer dans le port et qui leur
indique en même temps, par le nombre de minutes, quel
est le point de la côte vers lequel ils se dirigent. Ce phare à
éclipse est le premier qui ait existé; aujourd'hui on en voit
sur tous les écueils; ce n'est que depuis peu que le phare
d'*Ailly* a reçu ce mode de perfectionnement. L'invention du phare qu'on voit sur notre jetée est due à M. DES-
CROIZILLES né à Dieppe et qui occupe aujourd'hui à Paris
une place distinguée parmi nos premiers chimistes *ma-
nufacturiers*. Indépendamment des soins ardens qu'il
donnoit à ses projets sur Dieppe, M. LEMOYNE versé dans
l'économie politique avoit entrepris un grand ouvrage
*sur les pêches maritimes de France*. Déjà dans un pros-
pectus sorti des presses de l'imprimerie royale en 1777,
il avoit fait entrevoir combien la pêche forme d'excel-
lens matelots, combien elle est une source abondante de
richesses. NOEL, notre compatriote, qui dut peut-être
l'idée de son important travail sur les pêches aux essais
de M. LEMOYNE, étoit également convaincu de l'immense
avantage qu'on pouvoit tirer de la pêche, et cherchant
à rendre son opinion de façon à ce qu'elle frappât les
habitans de l'intérieur, il appeloit la pêche *l'agriculture
de la mer.*

ger les ouvriers avoit été élevée à grands frais
sur la plage ; il n'en reste plus que quelques débris qui seuls n'ont point été abattus
par les tempêtes ; on les rencontre à peu près
à trois cents toises de la jetée, lorsqu'on marche sur le galet en s'avançant vers les bains.
On lit dans le *Journal de Normandie*, *du 2
mai* 1789 , *N°* 35, où l'on parle de cette
digue : « Pour parvenir à faire la fondation
» des nouvelles jetées, on a fait une digue de
» garantie, fort avancée à la mer, à l'abri de
» laquelle on compte fonder les têtes des je-
» tées. C'est vraiment un ouvrage hardi et
» bien exécuté : mais c'est un bouclier qui
» coûte cher; et si on n'en profite pas pour
» fonder les têtes des jetées, il est à craindre
» que cette digue ne soit endommagée, peut-
» être enlevée avant peu d'années, d'autant
» qu'elle n'est remplie qu'en galet; que l'en-
» lèvement d'un bordage suffit pour la vider;
» que l'acide marin rouille promptement les
» têtes des clous qui seuls tiennent les borda-
» ges; que cette digue est très-exposée depuis
» la partie de l'ouest, passant par le nord,
» jusqu'à la partie de l'est; que la mer est très-
» dure à Dieppe; enfin, que cette digue est
» annoncée comme ouvrage provisoire : et il
» est à craindre que si les circonstances ne per-
» mettoient pas de donner les fonds nécessaires
» pour fonder, en 1789, la tête de la jetée de
» l'ouest, ainsi qu'on l'espéroit, elle ne soit
» détruite par une tempête de plusieurs jours,
» ce qui n'est pas très-rare à Dieppe. »

Les tempêtes ont effectivement ruiné la digue; les jetées n'ont pas été fondées; la nouvelle passe n'a point été creusée; et nous ignorons quand notre ville, trop longtemps privée de la protection qu'elle mérite, jouira des bienfaits que lui avoit promis le génie du ministre Colbert.

En 1806, M. le préfet du département de la Seine-Inférieure vint ouvrir les travaux du bassin à flot qui est commencé dans la prairie au-dessous de la promenade *du Cours.* Ce bassin aura quarante mille mètres d'étendue (1).

Le canal, dont l'exécution ne peut trouver d'obstacle, sous le rapport de l'art, traverseroit les communes d'Arques, de Neufchâtel, de Forges, et se prolongeroit jusqu'à l'Oise, en suivant la vallée du Thérain. Sa longueur, de Beauvais à Dieppe, seroit d'environ cent quarante-cinq mille mètres; et les bateaux chargés dans le port de notre ville pourroient se rendre en quatre jours à Paris.

« L'ouverture du canal de Dieppe, dit l'An-

---

(1) Les habitans de Dieppe n'oublieront pas que l'ouverture des travaux de ce bassin fut accordée, par le gouvernement, aux pressantes sollicitations de M. *Jean-François-Constant* HÉBERT, *chevalier de la légion d'honneur,* natif de Dieppe. C'est encore à ce citoyen recommandable que notre ville doit sa *Chambre de commerce* et *l'entrepôt réel.* M. HÉBERT mourut le 1ᵉʳ janvier 1815. Au moment où la mort le frappa, il étoit encore tout occupé du soin d'obtenir d'autres avantages, pour sa ville natale.

» nuaire de notre département ( année 1823 ),
» conduiroit nécessairement à en ouvrir un
» autre, qui mettroit celui-ci en communi-
» cation avec la Seine, en suivant le cours
» de la rivière d'*Andelle*. Ce second projet
» est aussi ancien que le premier, ou plutôt,
» il lui est inhérent. Il a été compris dans
» l'étude à laquelle se sont récemment li-
» vrés MM. les ingénieurs, et dont les ré-
» sultats, discutés au conseil général des Ponts
» et chaussées, ont obtenu l'approbation de
» ce corps. »

Il est à Dieppe un établissement qui compte
encore peu d'années d'existence, qui fut commencé par M. DE PARIS, mais qui a été considé-
rablement augmenté par les avances et les soins
du feu maire M. QUENOUILLE (1), de M. le sous-
préfet, comte DE BRANCAS, de M. D. DESLAN-
DES, négociant, et d'une société de capita-
listes : nous voulons parler de bains de
mer (2). Le nombre des baigneurs qui s'y ren-

(1) M. *Tranquille* QUENOUILLE remplit la charge
de maire de Dieppe de la manière la plus paternelle. Les
pauvres trouvoient près de lui une protection assurée.
Il mourut le 11 juillet 1823. La douleur publique assista
à son convoi; une foule d'habitans alla rendre les derniers devoirs aux dépouilles mortelles de l'homme de
bien.

(2) M. CH. L. MOURGUÉ, médecin inspecteur des bains de
mer de Dieppe, publie sur cet établissement un journal
du plus haut intérêt; nous ne pouvons donc nous permettre d'effleurer un sujet que M. MOURGUÉ sait appro-
fondir.

7

dent est déjà considérable et doit croître encore. Le séjour de notre ville offre des attraits
qui engagent fortement les étrangers. Le
grand spectacle de la mer et de son rivage,
spectacle qu'on trouve rarement plus impo-
sant qu'à Dieppe; un air pur et frais, des pro-
menades agréables, une riante vallée, des
sites agrestes, des solitudes ombragées de vieux
arbres, des tapis de verdure, des allées, des
vergers de pommiers chargés de leurs fruits
dorés et pourprés; les villages boisés de la Normandie qui, selon la peinture qu'en a faite
l'auteur de Paul et Virginie, ressemblent à
des îles de verdure au milieu des blondes et
ondoyantes moissons ; enfin des souvenirs historiques, tout doit engager à venir visiter les
murs qui donnèrent naissance aux plus hardis
navigateurs de l'Europe, *à ceux qui firent les*
*premières découvertes des pays les plus éloi-*
*gnés.* Ce fut au port de Dieppe que la du-
chesse d'Angoulême débarqua en 1815, à son
second retour en France. Une inscription
placée dans la jetée de l'Est en conserve le
souvenir. Nos murs d'ailleurs furent témoins
des exploits de Henri, portant les derniers
coups aux bandes soudoyées par l'ambition,
le fanatisme et l'étranger.

Mais pour les personnes qui préfèrent observer la nature, les rivages de Dieppe étalent
mille objets d'admiration ou d'étude. Que l'aspect de ces âpres rochers n'arrête point leurs
pas; qu'elles descendent avec confiance au
pied de ces énormes falaises dont les échos

répètent le bruissement des vagues, qu'elles
suivent le flot qui se retire et qui leur découvre une partie des jardins d'Amphitrite. Maintenant, laissons parler le savant naturaliste
qui habite notre ville, et dont les notices nous
ont servi pour le résumé que nous allons donner; il leur dira : « Ne vous attendez pas à
» voir briller à vos yeux ces belles corolles,
» ces précieux pistils qui décorent et signa-
» lent les noces des plantes phanérogames.
» La simplicité d'organisation qui constitue
» les plantes marines, le milieu plus dense
» où elles sont constamment immergées, ne
» leur permet pas de se signaler par des effets
» aussi brillans que ceux des êtres plus com-
» pliqués végétant dans les fluides plus rares
» et plus actifs de l'atmosphère. . . . . . . .
. . . . . . . . . . . . . . . . . . . . . . . .
» Cependant, les cryptogames marins ré-
» fléchissent, sur tous les points de leur sur-
» face, les couleurs purpurines, aussi bril-
» lamment que les pétales des phanérogames.
» Le vert le plus tendre signale parmi ces
» êtres l'organisation la plus simple, et se com-
» binant à la couleur pourprée, se modifie
» dans plusieurs espèces en couleur olivâtre
» ou violette. »
Les plantes marines ou *Thalassiophytes* sont,
depuis quelques années, tant en France qu'à
l'étranger, l'objet constant des études suivies
de quelques naturalistes. GMELIN, en publiant,
à Saint-Pétersbourg, en 1768, son *Historia fuco-
rum*, doit être, à juste titre, considéré comme

7*

le père de la botanique marine. Un grand
nombre d'espèces ont été très-bien décrites et
figurées en Angleterre par HUDSON, LIGHTFOOH,
le major VELLEY, STACKHOUSE, GOODENOUGH
et WOODWARD, DAWSON-TURNER, SOWERBY,
DILLWYN, BORRER, HOOKER, miss HUTCHINS et
mistress GRIFFITHS; les travaux d'ESPER, WUL-
FEN, ROTH, MERTENS, TRENTEPHOL, TREVIRANUS,
en Allemagne, BERTOLONI en Italie, CLEMENTE
et CABRERA en Espagne, ont rendu de grands
services à cette branche de l'histoire naturelle.
En Suède et en Danemarck, divers écrits ont
été publiés par HOFMAN BANG et HORNEMAN, des
classifications systématiques et de nouveaux
genres par AGARDH et LYNGBYE. LAMOUROUX,
correspondant de l'Institut royal de France,
professeur d'histoire naturelle à Caen, est le
premier qui ait présenté sur ces productions,
jusqu'alors trop superficiellement étudiées, une
classification naturelle, savante et ingénieuse.
Il a ouvert, en France, une carrière que plusieurs naturalistes françois exploitent avec
zèle et persévérance sur divers points de nos
côtes. Les ouvrages et les travaux de RÉAUMUR,
d'ADANSON, de VAUCHER, Charles et Romain
COQUEBERT, CORRÉA DE SERRA, GIROD-CHAN-
TRANS, DE CANDOLLE, BORY DE SAINT-VINCENT,
DRAPARNAUD, GRATELOUP, LÉMAN, BONNE-MAI-
SON, TURQUIER, GAILLON, DUCLUZEAU, A. LE
PRÉVOST, LE VIEUX, DORBIGNY, DUDRESNAY, etc.,
constituent et multiplient nos connoissances
sur cette partie des sciences naturelles, et sur
l'*Hydrophytologie* en général.

Les Thalassiophytes se partagent en deux
grandes classes : dans l'une, le tissu intérieur
des plantes est continu, ce sont les *Symphysistées;* dans l'autre, les plantes sont intérieurement cloisonnées de distance en distance,
ce sont les *Diaphysistées.* La première classe,
*Thalassiophytes Symphysistées,* se subdivise en
quatre grandes familles : *Fucacées, Floridées,
Dictyotées, Ulvacées.* A la première appartiennent ces grands varechs olivâtres, vésiculeux,
qui couvrent les roches du littoral, et que l'on
brûle tous les ans le long du rivage pour faire
de la soude. Les genres de cette famille sont :
*Fucus, Cystoseira, Sargassum, Laminaria* et
*Furcellaria.* La seconde famille se distingue par
ces jolies petites expansions purpurines, fine-
ment découpées, qui ornent agréablement les
cabinets et les collections des curieux. Les
genres *Delesseria, Chondrus, Gelidium, Gigar-
tina, Dumontia, Plocamium,* sont les principaux dont les espèces se rencontrent sur notre
côte, mais à une profondeur où l'on ne peut
parvenir que dans les grandes marées, lorsque
la mer, à son reflux, se retire très-loin du
rivage. Des plantes aussi délicates, mais d'un
vert jaunâtre, et que caractérise particulièrement un épiderme réticulé, composent la troisième famille. Les espèces composant les genres *Dictyota, Padina, Dictyopteris* qui en dépendent, sont rares autour de Dieppe. La
quatrième famille se compose des plantes à
membranes minces, vertes, quelquefois brun-
cuivré, ayant dans leur consistance quelque
analogie d'aspect avec des lanières de parche-

min. Le genre *Ulva*, qui en fait la base, offre
en abondance sur notre rivage trois espèces ;
elles entourent particulièrement les petits bassins d'eau que forment les creux des rochers,
elles leur donnent un reflet métallique, elles
couvrent aussi de vastes espaces de la plage,
auxquels elles donnent l'air d'une prairie sous-
marine.

La seconde classe des plantes marines, *Thalassiophytes Diaphysistées*, celles qui présentent intérieurement des cloisons ou diaphrag-
mes de distance en distance, se compose
d'espèces filamenteuses, ramifiées ou simples,
de diverses couleurs, rouges, vertes et brunes.
Elles avoient été groupées par DE CANDOLLE,
sous le nom de *Ceramium*. La subdivision de
ce groupe est devenue nécessaire. Divers genres ont été proposés par AGARDH, LYNGBYE,
BORY DE SAINT-VINCENT et BONNE-MAISON ;
mais aucune des nomenclatures de ces naturalistes n'est encore généralement adoptée.
On ne paroît point encore suffisamment fixé
sur la nature de ces productions. Le micros-
cope fait découvrir chaque jour, dans leur
organisation, des caractères et des détails précieux qui éclairent leur physiologie. Des observations faites récemment à Dieppe, par
M. B. GAILLON, ont prouvé que plusieurs espèces, regardées comme *végétales*, étoient des
productions *animales*. Une de ces espèces est
très-abondante sur les rochers qui avoisinent
les bains de Dieppe ; elle s'y présente sous
l'aspect d'un petit chevelu brun. A la mer
basse, ces filamens courts, capillaires et déliés,

s'éparpillent sur la sommité des roches calcaires, et ont ainsi quelque ressemblance avec la chevelure rare et roussâtre de la tête d'un enfant. Ces filamens, considérés jusqu'à présent comme un végétal, et nommés, par DILLWYN, *Conferva comoides*, font partie d'une nouvelle classe d'êtres nommés par M. B. GAILLON, *Némazoónes*, laquelle se trouveroit l'intermédiaire des polypiers aux plantes aquatiques ou hydrophytes. La *Némazoóne*, décrite ci-dessus, renferme des corpuscules microscopiques, vivans, jaunâtres, transparens aux deux extrémités. Leur forme varie du carré parallélogramme à l'ellipse, alors elle est presque naviculaire. Ils sont susceptibles des mouvemens de dilatation, d'impulsion en avant et de rétrogradation. La dimension de chacun de ces êtres est, dans le plus jeune état, la 500ᵉ partie d'une ligne; ils croissent jusqu'à la centième partie environ. Ils *s'enchevétrent* d'une manière sériale, presque bout à bout et l'un à côté de l'autre; ils exsudent un mucus qui forme l'enveloppe déliée et filamenteuse qui a été considérée, jusqu'à présent, comme la tige et les ramifications d'une plante marine; la longueur de cette production varie depuis trois lignes jusqu'à un pouce.

Parmi les polypiers qui croissent abondamment sur la côte de Dieppe, on remarque la *Coralline officinale* dont la vertu vermifuge a été long-temps prônée. Ce sont de petites ramifications articulées, d'un lilas rosé et d'une matière analogue à la craie; elles tapissent, fort élégamment les excavations des rochers,

et font ressortir les plumules déliées et blanchâtres du *Thoa halicina* qui croît au milieu
de l'eau limpide de ces petits bassins.

Si l'on s'avance vers *Pourville*, en péné-
trant sous les rochers massifs qui bordent les
limites de la basse mer, et dont les dispositions scéniques sont dignes d'exercer le pin-
ceau de CICÉRI, on voit suspendue à leur
voûte, l'*Éponge oculée*, que sa couleur citrine
et sa forme ramifiée en arbuste font distinguer
facilement. A côté rampe sur des feuilles de
varechs la jolie petite *Dynamena*, *pumila* qui
appartient à la famille des *Sertulariées*, et
dont les cellules campanulées ne peuvent être
distinguées qu'avec une loupe.

Si l'on cherche des animaux d'un ordre supérieur, on trouve, çà et là, des *Actinies*, des
*Astéries*, les unes en forme d'étoiles pourpres
abandonnées sur le rivage, les autres déve-
loppant, comme les pétales d'une anémone,
leurs tentacules nombreux et colorés. La base
des rochers est criblée de trous, ouvrage et
retraite des *Phollades*; le sable est rempli de
gros vers gris dont la bouche terminale est
conformée en une sorte de capuchon; une
autre espèce d'un rouge vif, à peu près sans
tête, mais dont le milieu du corps est garni
d'aigrettes remarquables par leur belle struc-
ture, leur mouvement et leur changement de
couleur, se trouve dans le même lieu, à un ou
deux pieds de profondeur, ce ver est l'*Arenicola
piscatorum* de LAMARCK (*Arénicole des pé-
cheurs*); l'autre est le *Thalassema echiura* de
CUVIER. Ils sont très-recherchés comme *appât*

par les pêcheurs, qui viennent dans les grandes
marées, à la basse mer, armés de bêches, en
faire une ample provision. On voit souvent
blotties sur le sable et dans les sinuosités des
rochers des masses arrondies d'une gélatine
bleuâtre, ce sont des *Méduses* et des *Rhizos-
tomes.* Les enceintes entourées de claies, de
perches et de filets qu'on nomme *Parcs* et
qu'on aperçoit, de distance en distance, sur
la plage, doivent aussi fixer l'attention des curieux. Outre les poissons de différentes espèces
qui s'y emprisonnent aux grandes marées, on
y rencontre de jolis mollusques tels que la
*Sépiole* ou *Calmar sépiola* de Cuvier, et la
*Doris stellata* du même naturaliste. La pres-
tesse des mouvemens de la première, sa couleur nacrée, sa forme conique, ses taches
brunes scintillant continuellement à la surface
de son corps, le soin qu'elle met à troubler
l'eau par l'émission d'une matière noirâtre,
lorsqu'elle court quelque danger, contrastent
singulièrement avec la gracieuse tranquillité
de la seconde, qui, à l'aide de son manteau
souple et membraneux qu'elle recourbe en
forme de nacelle, s'abandonne avec confiance
aux ondulations des flots. Ce petit animal de
couleur citrine, de forme ovalaire, qui a tout
au plus un pouce de longueur, est décoré dans
sa partie postérieure de petites branchies en
forme de ramifications arbusculaires; il porte
en avant deux petits panaches flexibles : tous
ces ornemens sont rétractiles, il les fait dispa-
roître à volonté.

Si l'on quitte de l'œil le rivage et qu'on se

rapproche des falaises, massifs de *Craie* tra-
versés horizontalement de couches de *Silex*,
on s'empresse de chercher dans ces terrains de
seconde formation, les dépouilles fossiles, témoins des révolutions que le globe a éprou-
vées. On y trouve les débris d'une coquille
épaisse, dont les fragmens semblables à des
morceaux d'albâtre offrent une certaine étendue ; les cassures présentent des stries longi-
tudinales qui ont une apparence fibreuse très-
remarquable. Ces fragmens de coquilles, isolés,
profondément enveloppés dans la craie, souvent incrustés dans la matière durcie du *Silex*,
n'ont point encore fourni, quoique assez nombreux, des moyens suffisans pour juger de leur
forme entière ; des morceaux de charnière de
cette coquille font supposer qu'elle pourroit se
rapprocher des *Pernes* et des *Crénatules*.
M. Brongniart en a fait un genre sous le nom
de *Catillus*, et Sowerby en Angleterre sous
celui d'*Inoceramus*. Dans un ouvrage de M. de
Humboldt, *sur la superposition des roches
dans les deux hémisphères*, ce fossile est désigné
sous le nom de *Catillus Cuvieri*.

## DES PARCS D'HUITRES.

Non loin de la falaise en se rapprochant de
l'enceinte des bains, avant d'avoir dépassé une
file de pieux, reste de l'ancien épi du *fort
blanc* (1), on voit une enceinte circulaire fer-

(1) M. l'ingénieur Lamblardie, dans son intéressant
mémoire sur les côtes de la Haute-Normandie, a parfai-

mée de claies, entourée d'une élévation mar-
neuse en forme de talus, et divisée au milieu
en compartimens dans lesquels sont déposées
des huîtres : c'est un *Parc* nouvellement construit, c'est un essai pour conserver, au milieu
de la mer même, les huîtres venues de Cancale
et autres ports de l'ouest, et destinées à la consommation. D'autres enceintes pour la conservation et l'amélioration de ce mollusque existent à Dieppe, depuis un certain nombre d'années; elles sont situées à l'extrémité sud du
port, vers la vallée d'Arques, dans l'espace de
terrain appelé *Retenue*, où sont refoulées à
chaque marée les eaux de la mer destinées à
fournir au jeu des écluses de chasse. Ces *Parcs*
sont de grandes fosses de quatre pieds de pro-

---

tement démontré l'inutilité de ces épis pour arrêter le
cours du galet. Le galet qui encombre les baies de notre
côte, est le produit de la destruction des falaises depuis
le cap d'Antifer, situé entre Fécamp et le Hâvre, jusqu'à
la pointe du Hourdel à l'embouchure de la Somme. « Les
» falaises, dit LAMBLARDIE, composées de bancs de marne
» séparés par des couches de silex, sont sapées à leur
» pied par le choc des vagues : bientôt toute la partie
» supérieure est en surplomb, se détache, tombe et se
» brise par l'effet de sa chute. La mer achève de diviser
» cette masse, et les eaux se chargent de la marne qu'el-
» les ont délayée pour en former des dépôts.
   » Le silex est roulé le long de la côte par le choc réi-
» téré des vagues, il s'use ; ses parties anguleuses se bri-
» sent; il s'arrondit enfin, acquiert une forme sphéroï-
» dale et prend alors le nom de *galet*. Tout ce que le
» silex perd de sa grosseur en passant de sa forme pri-
» mitive à celle de galet est converti par le frottement
» en petit gravier et en sable. » Le galet est constamment

fondeur, de deux cent à deux cent cinquante
pieds de longueur sur cinquante de largeur :
elles ont à leurs extrémités des conduits et des
écluses pour le renouvellement de l'eau, qu'on
effectue assez régulièrement deux à trois fois
par mois. Ces fosses sont taillées en pente sur
les bords, de manière que le limon puisse
s'écouler au milieu de la fosse, et ne pas s'arrêter sur le glacis où l'on dépose les huîtres ;
chaque *Parc* peut contenir cinq à six cents mil-
liers d'huîtres.

Un phénomène curieux a lieu assez constamment deux fois par an dans quelques—uns
de ces parcs, c'est la *Coloration en vert* des
huîtres. Plusieurs naturalistes avoient hasardé
sur la cause de ce phénomène, diverses opinions que l'expérience n'avoit pas sanction-

---

poussé dans le nord-est par l'effet des vents de l'ouest
qui règnent en souverains sur notre rivage, surtout pendant six mois, depuis octobre jusqu'à la fin d'avril : c'est
aussi pendant ces mois où la destruction des côtes est
plus grande, que le galet encombre le plus nos ports.
LAMBLARDIE a calculé par une opération des plus curieuses, en comptant le nombre et le produit des couches
de silex dont la mer s'empare chaque année, qu'il passe,
tous les ans, devant Dieppe 3,000 toises cubes de galet.
C'est pour remédier à l'encombrement du galet dans le
chenal et à son ouverture, qu'on a construit à Dieppe
des écluses de chasse. Ces écluses existoient en 1789;
elles tombèrent en ruine et furent reconstruites par les
ordres du premier Consul. Elles auroient un effet beaucoup plus satisfaisant si le chenal existoit en face, à la
place du collége. On a eu long-temps le projet de le
creuser dans cette direction, et ce projet existe encore.

nées. M. B. GAILLON, plus heureux dans ses
recherches, a découvert que cette coloration étoit due à une quantité innombrable
*d'animalcules verts microscopiques* du genre
*Vibrion* de MÜLLER, et *Navicule* de BORY DE
SAINT-VINCENT; ces animalcules s'élèvent et
s'agitent au printemps et en automne, dans
l'eau de quelques parcs, en plus grande
quantité que les moucherons dans l'air; ils
sont de forme linéaire, atténués et pointus
aux deux extrémités; leur ténuité est si grande
qu'on peut l'évaluer à la 70$^e$ partie d'une
ligne. La réunion de ces animalcules forme, au fond du parc et sur la coquille de
l'huître, des globules d'un vert émeraude
foncé. Une goutte d'eau soumise au micros-
cope par M. *Gaillon*, lui a présenté un mil-
lier de ces êtres infiniment petits. Leurs diverses allures sont décrites ainsi dans le mémoire que ce naturaliste a publié en 1820 :
« Tantôt c'est un mouvement de déviation
» oblique; tantôt ils pivotent sur eux-mêmes
» comme l'aiguille d'une boussole; quelque-
» fois ils s'élèvent tout droit et se tiennent
» ainsi sur l'une de leurs extrémités; ils ai-
» ment à se grouper et à s'entrecroiser sans
» ordre : je les ai vus s'élancer et attaquer de
» leurs pointes, comme on ferait avec une
» lance, d'autres animalcules infusoires à sur-
» face plus étendue que la leur. » L'effet co-
lorant de cet animalcule a lieu suivant M. GAIL-
LON par la nutrition; l'huître les absorbe avec
l'eau qu'elle hume ou dont elle se repaît. Ou-

tre la couleur, ces *Navicules* communiquent aux huîtres un goût styptique et piquant qui les font rechercher par les gastronomes. « Ces » deux qualités s'augmentent d'autant que le » séjour des huîtres se prolonge dans un parc » en *Verdeur* sans renouvellement de l'eau » qu'il renferme; lorsque le renouvellement » a lieu fréquemment, l'huître perd peu à » peu cette intensité de nuance verte, et re- » prend au bout d'un certain temps sa cou- » leur naturelle. »

Un savant naturaliste, zélé et infatigable, M. Bory de Saint-Vincent, en reconnoissant la puissance de la *Navicule* de M. Gaillon dans la coloration de l'huître, a prétendu que cet animalcule microscopique n'étoit *vert* que parce qu'il absorboit la *matière végétative ;* mais diverses expériences microscopiques de M. Gaillon lui ont prouvé, d'une manière ir- récusable, que les *petits globules* que renferme l'animalcule, et que M. Bory de Saint-Vincent regarde comme la *matière verte* végétative ab- sorbée par cet être, en étoient évidemment *le frai;* M. Gaillon en a suivi le développement, et il a vu la reproduction des animalcules. Quant à la couleur de la navicule, M. Gaillon l'at- tribue à un effet chimique auquel il regarde comme assujetties, dans la nature, certaines classes d'êtres tant animales que végétales; ce qui détruit, selon lui, le préjugé qui a fait at- tribuer exclusivement la couleur verte aux vé- gétaux.

Les huîtres de nos parcs sont envoyées à

Rouen, à Paris et dans divers villes du nord
de la France; on évalue le nombre expédié
chaque année à plus de douze millions.

Celui qui aime à charmer ses loisirs par
l'étude des plantes trouvera autour des parcs
de la retenue, sur leurs bords argileux, souvent humectés d'eau salée, des *graminées* recherchées par les botanographes, telles que le
*Poa maritima*, le *Poa distans*, qui n'est peut-
être qu'une variété, un état particulier du précédent; le *Festuca maritima*, le *Triticum maritimum*, le *junceum*, le *Poa procumbens* de
SMITH, espèce très-curieuse, qu'un grand
nombre d'auteurs n'ont point mentionnée,
et dont nous devons la détermination à M. DES-
MAZIÈRES, savant agrostographe et cryptoga-
miste de Lille. Cette espèce se distingue par
des panicules lancéolées, roides et dirigées
d'un même côté, par des épillets de quatre à
cinq fleurs, et des floscules à valves obtuses,
comme striées.

Les autres plantes, dignes d'augmenter les
collections des botanistes de l'intérieur, et que
l'on trouve sur ces sables marécageux et salés, sont les *Atriplex laciniata, prostrata, por-
tulacoides*. Cette dernière se distingue par sa
forme d'arbuste, ses tiges ligneuses et ses
feuilles ovales, oblongues, épaisses et parsemées d'une poussière écailleuse argentine.
L'*Aster tripolium* ou *maritime* étale ses feuilles
spatulées et ses fleurs syngénèses, violâtres,
tantôt radiées, tantôt seulement fleuronnées.
Les *Plantago maritima, graminea, coro-*

*nopus*, l'*Absynthe maritime* (*Artemisia mari-*
*tima*) et les tiges couchées, noueuses, à fleurs
rosées de l'*Arenaria media*, croissent abondamment dans ces lieux. Çà et là s'élèvent les
petites pyramides glauques du *Chenopodium*
*maritimum* et du *Salicornia herbacea*. Cette
dernière espèce se fait remarquer par ses rameaux articulés, destinés à être confits; ce
sont eux que l'on vend dans le pays sous le
nom de *Criste marine*. Le *Daucus hispidus*, le
*Crambe maritima*, la variété à petites feuilles
du *Cineraria integrifolia*, le *Brassica oleracea*,
et le *Pavot cornu* (*Glaucium luteum*) ne se trouvent que sur le sommet, l'escarpement, ou à
la base des falaises qui avoisinent Dieppe.

Du canal et du chemin de *Bonnes-Nouvel-*
*les*, au bord desquels croissent ces plantes, on
aperçoit sur la droite, au fond de la vallée,
les lieux où nous allons conduire le lecteur.
S'il suivoit les chemins dont nous venons d'explorer l'entrée, il seroit plus de deux grandes
heures à se rendre au château d'Arques ; mais
une route moins longue et plus agréable suit
les coteaux de l'Ouest, et dans ces momens
brillans de l'année, où

« L'astre majestueux, dont les flammes fécondes
» Dispensent la chaleur et la vie aux deux mondes,
» A passé des Gémeaux le signe radieux,
» Et poursuit triomphant sa route au haut des cieux, »
(*Réné-Richard* CASTEL.)

qui n'aime à profiter d'un sentier fleuri et om-
bragé, bordé de haies d'Aubépine, de massifs rustiques de Houblon, d'Alkékenge et de

Viorne ; qui n'aime à respirer le long de ces
vergers de pommiers dont les nombreuses
fleurs rosacées, à odeur suave, sont l'espoir de
nos celliers ; qui n'est frappé de ce mélange
de chênes, d'ormes, de hêtres, de frênes, dont
les cimes de verdure, diversement nuancées,
reflètent avec harmonie les rayons lumineux ;
qui n'aime à contempler cette vallée, vaste et
fertile prairie où serpentent en ruisseaux les
eaux réunies de l'Eaulne, de l'Arques et de la
Béthune ; qui n'aspire à parvenir au fond va-
poreux de ces rians coteaux, sur les bords
sinueux des eaux courantes et limpides de ces
rivières, où

« Sous ces saules touffus, dont le feuillage sombre
» A la fraîcheur de l'eau joint la fraîcheur de l'ombre,
» Le pêcheur patient prend son poste sans bruit,
» Tient sa ligne tremblante et sur l'onde la suit. »
(Delille.)

Cette route qu'on trouve indiquée dans une
vieille gravure sous le nom de *Route de Paris*,
passe par le hameau de *Saint-Pierre-d'Epinay*,
par *Bouteilles* et *Machonville*. Les jours de
fête ce chemin est couvert de citadins qui vont
trinquer à la guinguette ; mais c'est surtout le
lundi de la Pentecôe, fête d'*Arques*, et à la St.-
Jean, fête de *Bouteilles*, que la foule se presse
avec cette activité qu'ont les gens qui courent
après le plaisir. Les cabriolets, qui commen-
cent à être fort à la mode à Dieppe, des cavaliers, bien et mal montés, élèvent des nuages de
poussière. Dans l'été, les villages qui entou-

8

rent Dieppe ont chacun leur fête qu'on appelle *Assemblée*. Toute la population s'y porte
avec une ardeur remarquable. Matelots, artistes, marchands, négocians, les jeunes gens,
les mères de famille, les jeunes filles de la ville,
les villageoises parées de leurs élégans costu-
mes, les vieillards, les nourrices, les époux, courant après leurs petits enfans placés dans des
voitures traînées par des chiens, tout le monde, à
qui mieux mieux, se hâte. Dans ces assemblées,
le cidre coule à grands flots, des tables sont
couvertes de pâtisseries villageoises ; il s'y
fait une énorme consommation de coquil-
lages de mer, et leurs débris restent long-
temps semés sur le gazon. La guinguette qui
touche à *Bouteilles* porte le nom allemand de
*Rosenthal* ( vallon des Roses ). Ce n'est que
depuis peu d'années que ce lieu, qui s'appeloit
auparavant *Vaudruel* ( vallon du Ruisseau ), a
reçu ce nom ; il lui fut donné pendant la guerre,
lorsque le port de Dieppe étoit la station de
tous les corsaires de la côte, depuis Saint-
Valery-en-Caux jusqu'à Dunkerque : ce fut
probablement à des Dunkerquois qu'on dut la
nouvelle dénomination.

Cette route d'Arques offre aux piétons la
commodité d'un trottoir qui les met à l'abri
des accidens des voitures et des éclaboussures
des chevaux. Elle est émaillée de fleurs nombreuses et variées ; d'un côté brillent les aigrettes bleues, veloutées, de la *Veronica cha-
mædris*, les petites houpes brunes, soyeuses,
des têtes globuleuses du *Poterium sanguisorba*,

les petits œillets roses déchiquetés du *Lychnis flos cuculi*, les longs becs pourpres des *Geranium*, les petites corolles frangées et comprimées, bleues, blanches et purpurines, des *Polygala amara*, *vulgaris* et *cœspitosa;* de l'autre côté s'élève, au milieu des *Graminées* nutritives, trésors des pâturages, sur des tiges hautes, fistuleuses et rameuses, le *Bouton d'or* que dédaignent nos bestiaux, la coupe jaune vernissée qui décore les jets rampans du *Bassinet*, du *Pied de poule* de nos fermes; ce dernier, appelé *Ranunculus repens*, et l'autre *Ranunculus acris*, infestent nos pâturages. Chaque fleur de ces renoncules contient de *trente* à *quarante* graines, et chaque pied environ *vingt-cinq* fleurs; une toise carrée de prairie renferme au moins *dix* à *douze* plantes de cette espèce : voilà plus de *neuf mille* graines confiées à un très-petit espace de terre chaque année. Que le propriétaire, le cultivateur, le fermier réfléchissent; qu'ils fassent le calcul de la quantité effrayante de plantes de cette espèce, qui, tous les ans, envahissent la place des graminées utiles, et ils négligeront moins de faire faucher ou couper ces tiges avant la maturité des graines. Si à cette sage précaution ils joignent le soin d'extirper les racines de ces plantes délétères, ils les verront au bout de quelques années presque entièrement disparues, et le sol par cette amélioration se trouvera augmenté de valeur.

Il est une foule incommode et nuisible d'autres végétaux que l'on rencontre le long

des halliers, des haies, au détour des chemins:

« L'*Ortie* aux dards brûlans, l'*Æthuse* vénéneuse,
» L'herbe qui de *Mercure* a conservé le nom,
» L'*Épiaire*, et surtout l'indomptable *Gazon*
» Que chérit l'Épagneul, mais que Flore déteste,
» Pullulent, couvrent tout de leur ombre funeste. »

(R.-R. CASTEL.)

Au milieu de ces touffes dédaignées se font
remarquer les tiges épaisses, les feuilles lai-
neuses de la *Jusquiame noire* ( *Hyosciamus
niger* ), dont les fleurs verdâtres, parsemées de
veines noirâtres, signalent par leur aspect si-
nistre les propriétés malfaisantes de cette plante;
les larges et énormes feuilles découpées de la
*Branc ursine* (*Heracleum sphondyllium*) d'où
s'élève une forte tige surmontée de vastes om-
belles de fleurs blanches, forment souvent le
premier plan de ces groupes inextricables : on
voit avec intérêt briller au milieu d'eux les jolis
verticilles des petites étoiles jaunes du *Valantia
cruciata*.

Si l'on gravit sur les côteaux ou que l'on
fasse une excursion à l'entrée des champs qui
avoisinent la route (1), on trouve le *Linum
catharticum*, les gazons à fleurs jaunes papi-

_____

(1) Ces terres sont couvertes de *Céréales*, de *Vesce*,
de *Trèfle;* on y trouve quelques pièces de *Luzerne* et
de *Trèfle incarnat*. Dans la partie de territoire qui est au
sud de Dieppe et qui s'avance vers le pays de Caux, on
cultive le *Lin* dont le vert est si tendre et la fleur azurée
si délicate et si jolie. Dans les mêmes campagnes une
grande partie du terrain est consacrée à la culture du

lionacées du *Lotus corniculatus*, du *Coronilla minima*, de l'*Anthyllis vulneraria*, et la tige glauque du *Chlora perfoliata*, traversant ses feuilles opposées, parée à son extrémité d'une corolle monopétale jaune à huit divisions. Çà et là, on voit les épis odorans des fleurs blanchâtres et éperonnées de l'*Orchis bifolia*, l'épi grêle, filiforme et verdâtre de l'*Ophris ovata*.

Si nous descendons dans la prairie, nous rencontrons d'abord la *Gaude* de nos teinturiers (*Reseda luteola*), qui s'élève en longues pyramides jaunâtres garnies à leur base de feuilles étroites, glabres, ondulées et luisantes; les *Stellaria holostea* et *graminea*, le *Cardamine pratensis* arrêteront un moment nos regards;

---

*Colza* dont la graine fournit une huile employée à différens usages. La culture du *Colza* étoit, il y a peu d'années, beaucoup plus productive qu'aujourd'hui, sous le rapport des bénéfices; aussi nos fermiers, lorsqu'ils ne vendoient pas leur blé selon leurs désirs, appeloient-ils le Colza *Récappe malade* (*Réchappe malade*). La *Pomme de terre* montre souvent son feuillage au milieu de nos guérets; cependant il est beaucoup de terrains légers, sur la pente des côteaux, où elle se plairoit mieux que les autres végétaux qu'on y sème et qui y languissent. De l'autre côté de la vallée, cultive on le *Chanvre* qui sert à faire les cordages des navires, les filets et les voiles. N'oublions pas que sur la route d'*Arques*, on rencontre de grands jardins remarquables par leurs nombreux carrés de Groseillers, et qui rivalisent pour les légumes avec *Neuville-sur-le-Pollet*; mais jusqu'à présent la grande réputation des *Choux de Neuville* est demeurée intacte. Les jardiniers de ce village en font un commerce considérable; ils en envoient fort loin pour être repiqués; il n'est pas d'amateur qui ne désire avoir des *Choux de Neuville*.

si nous approchons des lieux marécageux, nous verrons s'élever dans les enceintes fangeuses des mares, les nombreuses petites fleurs blanches du *Ranunculus aquatilis*, la *Berle*, les *Potamogétons,* les rubans verts du *Sparganium natans* et les ramifications florales en forme de lustres des tiges de l'*Alisma plantago*, dont la propriété spécifique contre la rage a été, jusqu'à présent, plus vantée que prouvée.

Le long des fossés où coule une onde plus pure, nous remarquerons les nombreuses tiges d'*Épilobe* et de *Lysimachie,* l'*Yèble* (*Sambucus ebulus*), la *Bardane* (*Arctium lappa*), divers *Chardons* et le *Cnicus oleraceus* qui se distingue de ces derniers par des tiges très-glabres, un port moins épineux, plus gracieux, des feuilles en cœur, découpées et ciliées, et des fleurs terminales d'un blanc sale, entourées de folioles ovées, ciliées et colorées :

« Le *Seneçon* doré, la rouge *Salicaire*
» Ornent de leurs attraits la rive solitaire ;
» Et le *Convolvulus* éclatant en blancheur
» Sur les buissons ardens entrelaçant sa fleur,
» De ses nombreux festons couvrant leurs intervalles,
» Semble le nœud charmant des grâces végétales. »
(R.-R. Castel.)

Là est le terme de notre promenade (1);

_____

(1) Les Botanistes qui veulent *Herboriser* dans ces parages se rappelleront que *la Flore des environs de Rouen* par M. le Turquier Delonchamp, est d'un format très-portatif, qu'elle comprend les plantes qui croissent dans le département de la *Seine-Inférieure* et au-delà des limites dans les départemens voisins, l'*Eure* et la *Somme,*

ARQUES, son église, les ruines illustres qui la dominent apparoissent devant nous. Adieu,

« Champêtres déités, Pan, Sylvains et Dryades,
» Faunes, légers Zéphirs, bienfaisantes Naïades. »
                              (R. R. CASTEL.)

En entrant dans ARQUES, avant que d'arriver à un puits placé dans un carrefour, on trouve sur la droite une vieille maison dont le pignon donne sur la rue. Cette maison a conservé quelque apparence de ce qu'elle a été autre-fois : c'étoit une chapelle dédiée à *saint Gui-nefort*, que de pieux parens alloient invoquer pour les malades. On déposoit son offrande dans un tronc, on allumoit une chandelle, et la formule de l'invocation étoit *pour la vie ou pour la mort*. On dit qu'il n'y a pas encore bien des années, on alloit jeter des liards dans la maison qui a remplacé la chapelle de *saint Guinefort*.

La ville d'Arques qui tomba en décadence à mesure que Dieppe s'accrut, étoit ancienne-ment considérable. « Ce lieu, maintenant si dé-
» chu de son antique splendeur, dit M. A. LE-
» PRÉVOST, fut, pendant tout le moyen âge, le
» principal boulevard de la Normandie du
» côté du nord. On trouve des traces de son
» ancienne importance dans les routes encore
» connues sous le nom de chemins d'Arques,

---

et qu'elle indique toutes les stations et lieux divers dans lesquels se trouvent les plantes. (Deux vol. petit in-12. Juin 1816. Rouen. Imp. de P. *Périaux*. )

» que l'on rencontre souvent à de grandes
» distances de son territoire, et dans la juri-
» diction de surveillance et de conservation,
» que ses seigneurs exerçaient par toute la
» Normandie sur les poids et mesures de nos
» ducs (1). »

Avant la révolution de 1789, le Bailliage
d'Arques étendoit sa juridiction sur les fau-
bourgs du Pollet et de la Barre, et sur plus
de deux cents paroisses, ainsi que sur cinq
à six bourgs (2). « Dès l'an 1595 les élus
» vouloient transférer leur siège au Pollet de
» Dieppe; mais la cour des aides de Rouen
» leur en fit défense par arrêt. L'année sui-
» vante Adrien Soier, lieutenant-général
» d'Arques, obtint, par le crédit de M. Claude
» Groulard, premier président du parle-
» ment de Rouen, son oncle, la permis-
» sion de transférer aussi dans la même
» ville de Dieppe le siège de sa jurisdiction;
» mais le parlement et l'archevêché s'y op-
» posèrent. Cependant, par arrêt du Con-
» seil, les arrêts du parlement furent cassés et
» annulés, et il fut arrêté que cette juris-
» diction se tiendroit à Dieppe au faubourg
» de la Barre. Elle fut renvoyée à Arques en
» 1633, et fort peu de temps après rétablie à
» Dieppe (3). »

---

(1) Not. sur Arques, p. 5. HOUARD, anciennes lois des
Français, t. 2, p. 20.
(2) Mém. chronol., t. 2, p. 157.
(3) Dom Duplessis, descr. de la H.-Norm. Arch. de
la CH. des C. de Rouen.

Il y avoit aussi à Arques une Maîtrise particulière des Eaux et Forêts qui lui étoit commune avec la ville de Neufchâtel-en-Brai.

Le Bailliage d'Arques finit par obtenir de
rendre justice dans le prétoire même de
l'hôtel-de-ville de Dieppe. La Maîtrise des
Eaux et Forêts tenoit également ses audiences
dans le même lieu que le Bailliage (1).

On voyoit encore à Arques, avant la révolution, un monastère de Bernardines fondé
en 1636 par les seigneurs de la maison de
GUIRAN de Dampierre, village à deux lieues
Est d'Arques.

Dès l'an 1222, Arques possédoit un hôpital sous le nom de *Saint-Julien*. Ce n'étoit
plus qu'une simple chapelle en 1610; elle
étoit encore en titre en 1664; mais par arrêt
du Conseil du 22 décembre 1694 le roi en
réunit le revenu à l'hôpital de Dieppe (2).

Non loin de la ville d'Arques, étoit une
*maladrerie* sous le nom de Saint-Etienne
(il en sera question lors de la bataille d'Arques). En 1708, le revenu de ce bénéfice fut
donné aux jésuites de Dieppe (3).

Arrêtons nos regards sur l'église d'Arques. Lorsque nous la visitâmes la dernière
fois, deux artistes étrangers dessinoient une
croix de pierre ciselée, plantée devant le
portail. Cette église, dont tout le vaisseau

(1) Mém. chronol., t. 2, p. 160, 164.
(2) Dom Duplessis, desc. de la H.-Norm.
(3) *Idem.*

est d'un bon goût, offre de beaux détails d'architecture sarrazine ; on aperçoit sur une pierre de la tour le millésime 1628. Les denticules qui ornent la corniche de cette tour indiquent déjà le changement de style. Une belle suite de vitraux peints décoroit, autrefois, le chœur et les chapelles. En entrant, on remarque un élégant jubé qui appartient à l'architecture grecque ; l'escalier en spirale qui y conduit est d'une grande légèreté. Au haut du chœur, on voit les chiffres 1610. Au pied des marches de l'autel, est la pierre sépulcrale de *Louis Mollart, vivant archer morte-paye* (1) *de la côte du château d'Arques, mort le septième jour d'avril* 1626. Auprès, sur la gauche, est une pierre qui couvroit les cendres de l'architecte de l'église d'Arques, *Nicolas Bédiou, mort le* 12 *décembre* 1572. Les lambris des chapelles latérales offrent des sculptures et des découpures assez remarquables. Les découpures de la chapelle de gau· che renferment des noms écrits en caractères du seizième siècle. Les vitraux peints de cette chapelle méritent de fixer l'attention ; bien qu'ils soient en très-mauvais état, on distingue encore dans le haut, à travers leurs débris, les armoiries d'un chevalier. Elles consistent en un écusson *de gueules, à un pal de sable chargé de coquilles d'argent, brochant sur deux os en sautoir de même,*

---

(1) *Morte-paye,* homme de guerre qui reçoit la paye quoique dispensé du service.

*au timbre d'azur, portant pour cimier un léo-*
*pard issant d'or , langué de gueules, ayant*
*pour supports une licorne d'argent et un autre*
*animal de même*, dont la tête n'existe plus.
Au-dessous est écrit sur un ruban : CHARLES
DES MAREST (1). Au-dessus est la devise dont
il ne reste plus que les mots AV. CRI. G......EV.
Dans les vitrages du chœur l'œil de l'observateur peut encore apercevoir quelques figures
entourées de phylactères qui appartiennent
à une chronologie de l'Ancien-Testament.
Dans la chapelle à droite étoit un buste de
Henri IV avec une inscription : il paroît que
les arts ont à regretter la perte de ce monument. Un des angles d'une autre chapelle est
orné d'un médaillon portant la date de 1570 :
au-dessus est une inscription pieuse très-lisible;
mais nous n'avons pu interpréter le sens des
mots *je suis acollé* (2), qui sont autour des deux
figures.

En sortant de chez l'instituteur, gardien
des clefs de l'église, on aperçoit au sommet
d'une pente escarpée les vieilles murailles du
château. Avant de gravir le sentier qui y conduit, on passe non loin d'une filature de coton (3). L'aspect de cette fabrique fait naître la

_____

(1) Ce nom se rapporte d'une manière frappante
avec celui du guerrier qui, après avoir repris *Dieppe*
sur les Anglois, le défendit contre Talbot ( Voyez la
page 25 ).

(2) *Accollé* , en terme de blason, signifie garni d'un
collier.

(3) « Les ouvrières de l'atelier de filature de coton

pensée que d'autres manufactures auroient pu
être élevées dans une belle vallée qu'arrosent
les eaux de trois rivières; mais, à l'exception
de cette filature, rien n'annonce ici l'active

---

» d'Arques, près de Dieppe, ont été attaquées, au com-
» mencement du mois de février de l'année 1822,
» de nausées, de vertiges et de convulsions qui ont pro-
» duit un tel trouble dans leur imagination, qu'elles
» croyaient voir des spectres et d'autres objets fantasti-
» ques s'élancer sur elles et les saisir à la gorge; les se-
» cours de la médecine n'ayant pu parvenir assez tôt à
» remettre leurs cerveaux ébranlés, le peuple de la ville
» et de la campagne n'a pas manqué de répéter, suivant
» sa coutume, *que c'était un sort qu'on avait jeté sur la*
» *filature.* Mille cérémonies ridicules, qui avaient pour
» but de faire croire qu'on *levait le sort* furent faites,
» dans l'intention de calmer ces imaginations exaltées.
» Mais ce moyen, qui ne peut qu'aider à entretenir un
» préjugé extravagant, n'a produit qu'un effet momen-
» tané : il a fallu avoir recours aux menaces. La crainte
» d'être chassées et de perdre leurs moyens d'existence
» a enfin ramené à la raison les ouvrières les plus malades.
   » Un mémoire sur les causes de cet état *convulsion-*
» *naire* a été présenté à la *société de médecine de Dieppe,*
» par M. NICOLE, pharmacien de cette ville; il contient
» un récit très-exact et curieux des événemens qui ont
» signalé ces affections spasmodiques : l'auteur les attri-
» bue au *gaz oxyde de carbone,* résultant de la décom-
» position de l'huile par la chaleur d'un poële de fonte,
» sur lequel on avait l'habitude de déposer plusieurs
» vases de ce liquide.
   » Ce produit gazeux, comme on sait, est plus léger
» que l'atmosphère; c'est d'après cette propriété que
» l'auteur du mémoire explique comment les étages su-
» périeurs de l'atelier se sont trouvés les premiers le
» théâtre des accidens, tandis que le rez-de-chaussée
» en était préservé. » ( *Revue encyclopédique,* tom. 14.
Avril 1822, page 203. )

industrie de notre époque, et ne distrait la pensée qui s'arrête sur les ruines que nous laissèrent les siècles passés.

Quelques personnes ont pensé que le château d'Arques étoit une construction romaine : c'est l'opinion de l'auteur des *Mémoires chronologiques.* « Les Romains, dit-il, pour faire » respecter leur conquête par les peuplades » livrées principalement à la pêche et à la » chasse, qui existoient dans cette grande fo- » rêt (1), y élevèrent, à une lieue et demie, » près de la mer, un fort qu'ils appelèrent » *Arelanum*, dénomination qui servit aussi à » désigner cette vaste forêt (2). »

Pour appuyer son étymologie d'*Arelanum*, il cite *Grégoire de Tours* qu'il paroît avoir mal interprété. Il affirme que la forêt d'*Arelanum* se composoit autrefois des forêts d'Arques, du Eslet, de Bray et d'Eu. Il le démontre par la position que Grégoire de Tours donne à *Bellencombre;* mais malheureusement le nom de *Bellencombre* ne se trouve nulle part dans l'historien qu'il invoque (3).

----

(1) On lit quelques lignes plus haut : « Le pays de » Caux, où Dieppe est situé, n'étoit, avant et depuis » Clovis, qu'une vaste forêt, dont celles d'Eawy, d'Ar- » ques, du Eslet ou Erlet, de Bray, d'Eu qui existent » encore aujourd'hui, étoient autant de portions qui » n'ont pas été défrichées, comme le surplus l'a été suc- » cessivement et de proche en proche. »

(2) Mém. chron., p. 2.

(3) La forêt d'*Arelanum* étoit située sur la rive gauche de la Seine.

Lors même que nous n'aurions pas des monumens historiques qui donnent d'une manière certaine l'origine du château d'Arques,
on n'en pourroit pas moins soutenir que ce
château n'a point été construit par les Romains : il suffit d'avoir fait la plus légère étude
du genre de leurs constructions, pour reconnoître, au premier coup-d'œil, que jamais une
main romaine ne toucha ces murailles.

Cependant nous ne prétendons pas dire
que le territoire d'Arques soit entièrement
dépourvu d'antiquités romaines; on commence même à soupçonner, d'après la table
de Peutinger, que la voie partant de *Caraco-
tinum* suivoit la côte jusqu'à *Bononia*, en se
dirigeant par Arques, qui, à cette époque,
devoit être le point de passage le plus com-
mode, le bas de la vallée étant livré aux irrup-
tions périodiques de la mer. Nous avouons
toutefois que cette question n'est encore que
très-problématique, et que, s'il existe au territoire d'Arques des traces des Romains, elles
sont demeurées fort cachées jusqu'à ce jour.

M. A. Leprévost a publié cette année, sur
le château dont nous allons analyser l'histoire, une notice qui offre tous les genres
d'intérêt. Nous ne traiterions pas ce sujet
après lui, si sa notice n'étoit déjà très-rare;
nous ne pouvons que répéter ce qu'il a dit,
sans pouvoir reproduire son mérite.

Nous adoptons entièrement son opinion sur
l'étymologie du nom d'Arques. « Le voisinage
» d'un pont, dit-il, formant autrefois une

» communication importante entre les deux
» plaines voisines, a fait donner à ces rem-
» parts et à la ville qu'ils protégeaient son
» nom *Arcæ*, dont on a fait *Arques*, en le
» transportant dans notre langue. Des cir-
» constances semblables ont fait désigner de
» la même manière la ville du Pont–de–
» l'Arche par la plupart de nos historiens du
» moyen âge, et donné lieu à de fréquentes
» méprises chez les modernes. . . . . »

En effet, Adrien de Valois et Toussaint
Duplessis, qui ne sont pas heureux d'ailleurs
dans l'étymologie qu'ils donnent, ont con-
fondu la ville d'*Arques* dont nous allons
parler avec le *Pont–de–l'Arche*. On trouve
dans Adrien de Valois, au mot *Arcæ Cale-
torum* ( Arques des Cauchois ), *statio navium
apud Asdans quæ Archas dicitur* (au territoire d'Asdans, station de navires qui est
appelée *Arches* ). Duplessis répète la même
phrase en citant Dudon de Saint-Quentin. Il
est vrai que cette phrase est extraite de ce
vieux historien ; mais il est étonnant que Valois et Duplessis aient pu se méprendre sur
l'indication donnée. Il est clair que Dudon
de Saint-Quentin parle du Pont-de-l'Arche.....
« Rollon étant donc joyeux des réponses de
» ses compagnons, et ayant détaché ses na-
» vires de Rouen, est porté jusqu'à *Arches*
» qui est appelée *Asdans* (1). » Guillaume

(1) ...... « Rollo igitur super responsis suorum lætus,
» à Rothomo divulsis navibus, subvehitur ad Archas us-

de Jumiéges s'explique d'une manière plus
positive encore....... « Rollon, dit-il, étant
» maître de Rouen, médite avec les siens,
» dans son cœur rusé, le projet d'entrer
» par eau dans Paris. Avec son instinct payen,
» comme un loup il avoit soif du sang des
» chrétiens. Détachant la flotte, ils sillonnent
» le fleuve de Seine et établissent une station
» de navires à Hasdans, qui est appelée
» *Arches* (1). »

La méprise d'Adrien de Valois et de Duplessis ne peut être mise en doute d'après
ces passages. Ils ont, sans doute, été trom-
pés par la parité des noms ; car nos vieux historiens de Normandie, lorsqu'ils parlent d'Arques, l'écrivent souvent *Archas*. Mais ce qui
a pu causer l'erreur est encore une preuve en
faveur de l'étymologie que M. A. Leprévost a
donnée.

« En 944...... Louis (2) part pour la
» Normandie avec Arnoul, Herluin et quel-
» ques évêques de France et de Bourgogne.
» C'est pourquoi Arnoul, précédant le Roi,

---

» que, quæ Asdans dicitur. » Dud. S. Quint. Decan. apud
Duchesne, p. 76.

(1) ...... « Rollo igitur Rothomo potitus, de Parisiacâ
» emersione corde versuto cum suis tractans, Christia-
» norum sanguinem paganico instinctu lupino more
» sitiebat. Qui classem solventes, Sequanæ fluvium sul-
» cant, stationemque navium apud Hasdans quæ Archas
» dicitur componunt. » Willelm. Gemet. ap. Duchesne,
p. 228.

(2) Louis d'Outremer.

» mit en fuite quelques Normands qui étoient
» en observation à Arques et prépara le pas-
» sage au roi (1). »

Il n'est point question dans cette citation
de la forteresse d'Arques : on voit seulement
quelques soldats qui sont en observation et
qu'on met facilement en fuite; ce qui ne fût
pas arrivé, sans doute, s'ils eussent été sou-
tenus par une garnison voisine.

Nous ferons remarquer encore que Richard I<sup>er</sup>, que nous avons vu au commencement de cette notice (2) sur le point d'être
victime d'une trahison de Lothaire en 967 ou
968, n'eût pas couru tant de dangers, s'il y
eût eu dans ces lieux une forteresse, une garnison qui n'eût pas manqué d'apercevoir l'em-
bûche tendue à son duc et de venir à son
secours.

On peut donc démontrer que le château
d'Arques n'existoit pas alors; mais la ville de
ce nom paroît avoir une origine plus reculée.

M. Leprévost nous apprend : « Qu'au com-
» mencement du dixième siècle ( en 1024),
» le duc Richard II comprit le patronage de
» l'Église d'Arques, la dîme et quelques autres
» droits sur son territoire, dans la charte de

_____

(1) ...... « Ludovicus rex in terram Normannorum pro-
» ficiscitur cum Arnulfo et Herluino et quibusdam epis-
» copis Franciæ et Burgundiæ. Arnulfus itaque præce-
» dens regem, quosdam Normannorum qui custodias
» observabant, apud Arcas, fudit, et regi transitum præ-
» paravit.»(Frodoardi.chron. anno 944. Ludov. ult. mar.)
(2) Voir la page 11.

9

» restitution des biens ayant autrefois appar-
» tenu à l'abbaye de Saint-Wandrille, circons-
» tance qui recule au moins jusqu'au neu-
» vième siècle l'existence d'Arques (1). »

Guillaume de Jumiéges nous raconte une aventure que Richard Ier chercha en 989, non loin de la ville d'Arques ( *haud procul ab op-pido Arcarum* ).

Le Duc avoit ouï parler de la beauté de la femme d'un de ses forestiers qui demeuroit, non loin de la ville d'Arques, au village d'Equi-queville. Il vint avec intention chasser dans le pays, et trouvant qu'on ne l'avoit pas trompé, il commanda au mari un triste sacrifice. Le pauvre forestier au désespoir, parle de la de-mande de Richard à sa femme qui s'appeloit Sainfrie; celle-ci en femme prudente le con-sole, et prend le parti de substituer sa sœur Gonnor, jeune fille encore plus jolie qu'elle. Le Duc, ayant reconnu la fraude, se réjouit de ce qu'on lui avoit épargné le sujet d'un re-pentir (2) *et* (3).

La ville d'Arques fut la capitale du comté de Talou; Guillaume-le-Conquérant donna ce

---

(1) Notice sur Arques, p. 6. ( Neustria pia, p. 915 et 917.)

(2) Voir la notice de M. A. Leprév., p. 6. ( Willelm. Gemet. ap. Duchesne, p. 311.)

(3) Richard aima constamment Gonnor et en eut plu-sieurs enfans : Richard qui lui succéda, Robert qui fut archevêque de Rouen et comte d'Evreux, Mauger, comte de Corbeil et père de Guillaume, comte de Mortain, Emme qui fut mariée à Etheldret, roi d'Angleterre, Ha-

comté à Guillaume son oncle qui fit construire
le château d'Arques. « Arcas castrum in pago
» Tellau primus statuit. *Il fonda le premier le*
» *château d'Arques dans le pays de Tellau,* »
dit la Chronique de Fontenelle en parlant de ce
comte (1). « Hic enim Willelmus à Duce, jam
» in adolescentiâ pollente Comitatum Talogi
» percepit obtentu beneficii, ut indè illi exis-
» teret. Nobilitate verò generis elatus castrum
» Archarum in cacumine ipsius montis con-
» didit. *Car Guillaume, dont nous parlons,*
» *reçut du duc, qui étoit déjà dans la fleur de*
» *la jeunesse, le comté de Talou, afin que,*
» *engagé par cette faveur, il lui restât fidèle.*
» *Mais, excité par l'orgueil que lui donnoit la*
» *noblesse de sa naissance, il bâtit le château*
» *d'Arques sur le sommet de la montagne*
» *même* (2). » Guillaume de Poitiers joint son
témoignage à ceux-ci, lorsque, se préparant
à raconter la rébellion du comte Guillaume,
récit dont nous avons extrait ce qu'il y a de
plus intéressant, il ajoute : « Nempè eas late-

---

voise à Geoffroi, duc de Bretagne, et Matilde à Eudes
comte de Chartres.

Lorsqu'il voulut élever son fils Robert à l'archevêché
de Rouen, le chapitre s'y opposa, alléguant que la loi
de Dieu et les canons de l'église défendoient d'admettre
les bâtards aux ordres sacrés. Le duc, pour lever toute
difficulté, s'attacha Gonnor par des liens légitimes. ( Voir
Guill. de Jumiég., p. 312, et du Moulin, Hist. de Norm.
p. 88. )

(1) Voir la Not. sur Arques, p. 6.

(2) Willelm. Gemet. ap. Duchesne, p. 270.

» bras, id munimentum initæ elationis atque
» dementiæ ipse primus fundavit, et quàm
» operosissime extruxit in præalti montis Ar-
» carum cacumine. *Car ce fut lui qui, le pre-*
» *mier, fonda et éleva avec un grand travail,*
» *sur le sommet de la haute montagne d'Ar-*
» *ques, ces remparts, ces retraites, qui de-*
» *voient servir à ses projets ambitieux et pleins*
» *de démence* (1). »

Enfin, Robert Wace nous explique aussi pourquoi *Guillaume-le-Conquérant* donna le comté de Talou à son oncle, qui bâtit le château d'Arques.

> Pur honur de sun parenté
> E pur aveir sa feelté,
> Li ad li dus en fieu duné
> Arches e Taillou le cunté.
> . . . . . . . .
> Fist desus Arches une tur (2).

Le jeune Duc se trompa dans son calcul politique. Guillaume lui donna beaucoup d'inquiétude; il fut obligé de mettre garnison dans la forteresse de son oncle. Mais le comte de Talou parvint à séduire les officiers de son neveu, et la guerre éclata ouvertement. Nous laissons Guillaume de Poitiers nous donner les détails des événemens qui se passèrent alors sur le territoire d'Arques.

« Une fureur nouvelle enflamme cet auda-
» cieux redevenu le possesseur de sa forte-

(1) Willelm. Pictav. ap. Duchesne, p. 184.
(2) Voir la not. sur Arques, p. 7.

» resse, et il jure de venger l'outrage que lui
» a fait Guillaume en la lui ravissant. Tous
» les malheurs à la fois viennent fondre sur le
» territoire voisin ; le désordre, la rapine por-
» tent partout le ravage, et menacent les cam-
» pagnes d'une dévastation entière. Le châ-
» teau se remplit d'armes, de troupes, de
» vivres et de toutes les provisions néces-
» saires ; ses fortifications, déjà solides, sont
» raffermies par de nouveaux ouvrages. La
» paix et la tranquillité sont bannies de tous
» les asiles ; la révolte la plus furieuse s'orga-
» nise. Bientôt Guillaume en est instruit : il
» quitte les champs de Coutances où cette
» nouvelle lui est confirmée et marche avec
» une telle vitesse, que les chevaux de son
» escorte tombent tous de fatigue : six seule-
» ment parviennent à Arques avec lui. Le bruit
» des maux auxquels sa province étoit livrée
» excitoit encore l'ardeur qui le pressoit déjà
» de venger son injure. Il voyoit avec dou-
» leur les biens des églises, le fruit des travaux
» des agriculteurs, les richesses du commerce
» devenus la proie d'une vile soldatesque. Ce
» cri de douleur, que pousse un peuple foible
» et sans défense du sein des horreurs de la
» guerre, sembloit l'appeler au secours de
» ses malheureux sujets. Non loin du château
» même, une troupe fidèle et dévouée vint
» à sa rencontre, c'étoient les chefs de sa
» milice. Le bruit de la révolte du comte
» d'Arques leur étoit parvenu dans la ville de
» Rouen, et, partant au nombre de trois cents

» chevaux, ils s'étoient approchés d'Arques
» dans le dessein d'empêcher les révoltés de
» transporter le blé et les autres provisions
» nécessaires pour le siége. Mais informés du
» grand nombre de troupes renfermées dans
» la forteresse, craignant d'ailleurs que les
» soldats qu'ils avoient amenés ne passassent
» dans les rangs des rebelles, projet qu'un
» avis secret leur assuroit devoir s'effectuer
» le lendemain matin, ils se hâtoient de re-
» venir sur leurs pas, le découragement dans
» le cœur. Ces officiers, après avoir fait ce
» rapport à Guillaume, lui conseillent d'at-
» tendre son armée; ils lui représentent que
» la renommée ne. lui a pas encore appris
» combien son parti compte de déserteurs; ils
» lui observent que toute la population d'a-
» lentour est dévouée à la cause de son rival,
» et que marcher plus avant avec des forces
» si foibles, c'est courir au-devant des plus
» grands dangers. Mais la constance du chef
» n'est point abattue par leurs craintes ; sa
» confiance n'est point ébranlée. Il raffermit
» leur courage en leur répondant noblement
» que les rebelles, frappés de son aspect, n'o-
» seroient attenter à sa vie : et, enfonçant les
» éperons dans les flancs de son coursier, il
» s'élance à toute bride du côté de l'ennemi.
» Sa valeur est son seul guide; il voit dans la
» justice de sa cause la garantie de la victoire.
» A peine a-t-il aperçu, sur le sommet de la
» montagne, le chef de la révolte entouré de
» ses nombreuses légions, que, gravissant avec

» audace cette pente escarpée, il le force à
» fuir et à se cacher derrière ses remparts. Si
» les portes couvertes de fer de la forteresse
» n'eussent arrêté sa poursuite, emporté par
» son bouillant courage, par sa colère, et
» guidé par sa fortune, il eût fait un grand
» carnage de cette foule que le destin sembloit
» livrer à ses coups. »

« ................. Le duc, voulant s'emparer du
» château, rassembla aussitôt son armée, et
» le fit environner de toutes parts. Il étoit bien
» difficile de réduire des hommes que la na-
» ture et l'art sembloient protéger contre toute
» atteinte. Guillaume, suivant une louable
» coutume qui lui étoit familière, désirant une
» victoire non sanglante, fit élever au pied
» de la montagne une bastille qui pût conte-
» nir ces fiers et obstinés rebelles. Après y
» avoir mis une garnison, il se retira pour
» vaquer aux affaires qui exigeoient sa pré-
» sence, résolu de dompter par la famine
» ces hommes qu'épargnoit son glaive. »

« ....... Cependant le roi Henri (1) apprend
» que le comte, que ses conseils et son ap-
» pui ont porté à ce comble d'audace, est
» investi dans sa forteresse. Il se hâte d'aller
» le secourir, conduisant une troupe nom-
» breuse et pourvue des objets dont la di-
» sette doit se faire sentir aux assiégés. A la
» nouvelle de son approche, guidés par l'es-

(1) Henri Ier, roi de France.

» pérance d'une action brillante, plusieurs
» des guerriers que le duc avoit laissés dans
» la bastille observent la marche des Fran-
» çois, et se postent sur le chemin qu'ils doi-
» vent suivre. Un nombreux détachement de
» leur troupe arrive sans précaution et sans
» défiance. Les Normands les attaquent; In-
» gelram, comte de Ponthieu, célèbre par sa
» noblesse et sa valeur, succombe sous leurs
» coups; avec lui tombent plusieurs hommes
» d'un haut rang. Hugues de Bardou, per-
» sonnage d'un grand nom, devient leur pri-
» sonnier. Cependant le roi, atteignant le
» terme de sa course, attaqua le fort avec la
» plus violente ardeur, animé par le desir
» d'arracher le comte à son état de détresse,
» et de venger la perte de ses guerriers. Mais
» s'apercevant de la difficulté de son entre-
» prise ( la bastille avoit résisté facilement à
» ses efforts, et les braves Normands étoient
» restés aussi fermes que leurs murailles), re-
» doutant une mort sanglante ou une fuite
» honteuse, il se hâta de retourner sur ses
» pas, sans avoir acquis aucune gloire, si
» l'on ne veut pourtant lui laisser l'honneur
» d'avoir soulagé, par un foible secours, la di-
» sette que souffroient ceux qu'il venoit se-
» courir, et d'avoir augmenté leur nombre.
» Cependant le duc étoit revenu assister au
» siége, et tandis qu'il sembloit, au milieu des
» jeux et du loisir, retarder les préparatifs de
» l'attaque, la famine dont il se servoit plu-
» tôt que de la force pour presser les assiégés,

» alloit bientôt les réduire sous sa puissance.
» Le roi de France, rappelé de nouveau par
» de nombreuses supplications, n'y répond
» que par des refus. Le souvenir de son der-
» nier échec l'arrête; la crainte d'une défaite
» plus terrible et plus honteuse l'épouvante.
» Enfin, abattu par la nécessité, le fils de
» Papie ouvre les yeux sur sa conduite; il
» conçoit enfin combien est pernicieuse l'am-
» bition qui l'a porté à ravir la principauté
» de son maître; il comprend que s'il est tou-
» jours injuste de violer la foi des sermens,
» la violation n'en est pas moins funeste au
» parjure; il sent enfin combien le mot de
» paix est doux et agréable, combien la paix
» elle-même est bienfaisante et plus salu-
» taire encore; il condamne le premier son
» audacieuse révolte; il maudit les conseils
» perfides qui l'ont entraîné dans sa ruine. Il
» se voit avec une douleur mêlée d'indigna-
» tion renfermé, les armes à la main, comme
» dans une prison. Guillaume accorde à ses
» envoyés supplians l'acceptation de leur sou-
» mission entière : ils n'obtiennent aucun
» honneur, aucun avantage du vainqueur, si
» ce n'est la grâce de la vie. Un spectacle la-
» mentable se présente bientôt à l'entrée du
» fort; on diroit que des spectres s'avancent :
» on voit cette cavalerie françoise, naguère si
» fameuse, se hâter de sortir avec les Nor-
» mands aussi vite que le lui permet l'inani-
» tion dont elle est consumée. La foiblesse,
» plus encore que la honte, les force à bais-

» ser la tête. Les uns paroissent comme sus-
» pendus sur leurs faméliques coursiers dont
» le pied ne rend qu'un bruit sourd et n'é-
» lève qu'une foible poussière. D'autres por-
» tant leurs bottes et leurs éperons forment un
» étrange cortége. La plupart de ceux qui le
» composent courbent leur dos languissant
» sous la selle de leurs chevaux ; d'autres
» soutiennent à peine leur corps chancelant
» sur leurs jambes affoiblies. Les troupes ar-
» mées à la légère offroient aussi l'aspect de
» la misère la plus profonde.

» Si la peinture des maux auxquels s'étoit
» vu réduit le comte rebelle est affreuse, la
» clémence du Duc n'est pas moins admira-
» ble ; il ne voulut pas accabler par un trai-
» tement plus ignominieux encore, cet in-
» fortuné dépourvu de tout asile ; il lui accorda
» sa grâce entière et y joignit le don de plu-
» sieurs domaines étendus et d'un revenu
» considérable. C'étoit lui donner une patrie ;
» Guillaume aimoit mieux s'attacher son oncle
» par des bienfaits, que de poursuivre un re-
» belle dans sa personne (1). »

En 1089, le duc Robert II, dit *Courte-
Heuse*, voulant se créer un appui contre ses
nombreux ennemis, donna à Hélie, fils de
Lambert de Saint-Saens, sa fille, avec Arques, Bures et tout le pays voisin, afin qu'il
défendît le comté de Talou (2).

(1) Guillelm. Pictav. ap. Duchesne, p. 184, 185, 186.
(2) Ord. Vit. ap. Duchesne, p. 681.

Hélie fut bientôt dépossédé du comté d'Arques. Robert *Courte-Heuse* (1) étant mort,
Henri I<sup>er</sup> se saisit de Guillaume, jeune enfant, fils du défunt, et le donna à élever à
Hélie; mais bientôt craignant que ce neveu
ne cherchât dans la suite à lui ravir la Normandie, il voulut le faire enlever. Hélie se
sauva avec son pupille et erra de tous côtés,
demandant toujours assistance pour le fils de
son ancien bienfaiteur (2).

En 1118, Baudouin, comte de Flandre, s'a-
vança jusqu'au château d'Arques, avec une
grande troupe de Flamands, et malgré la
présence du roi Henri, dévasta, par l'incendie, les villages du Talou (3).

Dans le cours de cette même année, le roi
Henri I<sup>er</sup> mit une forte garnison dans le château d'Arques, qui est compté par l'historien
qui nous donne ces renseignemens, au nombre des places les plus importantes. Le nom
d'Arques se trouve au milieu de ceux de
Rouen, de Bayeux, de Coutances, de Falaise,
de Fécan et de quelques autres (4).

En 1119, ce château devint la prison du
farouche Otmond ou Osmond de Chaumont,
que le roi Henri fit prisonnier dans le combat

---

(1) *Courte-heuse* ou *courte-bottes*. Nos paysans donnent encore le nom de *houseaux* à des bottes; *hezeu* en
breton signifie la même chose.

(2) Ord. Vit ap. Duchesne, p. 821 et suiv.

(3) *Idem*. . . . . *idem*. . . p. 843.

(4) *Idem*. . . . . *idem*. . . p. 851.

qu'il livra à Louis-le-Gros, dans la plaine de Brenneville. « Otmond, vieux scélérat, » dit Ordéric Vital, fut enfermé à Arques, » où il demeura chargé de chaînes jusqu'au » traité de paix. Le bruit de son infamie » avoit pénétré jusques dans l'Illyrie; car, » pour comble de crimes, il protégeoit les » voleurs et les brigands. Les pélerins, les » pauvres, les veuves, les moines et les » clercs sans défenses, étoient dépouillés par » lui; et il ne rougissoit pas d'employer con- » tre eux tous les genres d'attaques (1). »

» Robert du Mont, dit M. A. Leprévost, » indique Arques comme l'une des places les » plus importantes dont le roi Henri II fit ré- » parer et augmenter les fortifications (*turre* » *et mœnibus mirabiliter firmavit*.) Les ruines » que nous voyons aujourd'hui appartiennent » probablement à ces constructions d'Henri II » plutôt qu'à celles du comte Guillaume (2). »

Le nom d'Arques paroît plus d'une fois dans la collection des historiens qui ont écrit les guerres que Philippe-Auguste eut avec Richard et le roi Jean.

Les François tenoient garnison dans le château lorsque Richard en fit le siége, en 1195. Mais le roi de France survint avec six cents hommes de troupes choisies, mit les Anglois en fuite et marcha jusqu'à Dieppe qu'il réduisit en

(1) Ord. Vit. ap. Duchesne, p. 855.
(2) Not. sur Arques, p. 10.

cendres, comme on l'a vu précédemment (1).

Arques fut rendu à Richard par le traité de paix de 1196 (2).

En 1202, Philippe, avec une nombreuse armée, faisoit le siége du château d'Arques. Pendant quinze jours, ses pierriers et ses machines battirent les murs sans pouvoir faire une brèche qui donnât seulement passage à un homme. Les assiégés le forcèrent même à s'éloigner un peu des murailles. Mais ayant appris que le jeune Arthur étoit tombé entre les mains de Jean, il leva le siége pour marcher en Touraine. Il fut si transporté de colère que tout ce qui se trouva sur le chemin éprouva la barbarie d'une soldatesque furieuse (3).

L'année suivante toute la Normandie reconnoissoit les armes victorieuses de Philippe. Rouen, Arques et Verneuil étoient les seules places qui tinssent encore contre les François qui, jusque là, avoient toujours redouté la valeur des belliqueux Normands. « Il n'i demoroit » mais à conquerir, fors la cité de Rouan, » qui est citez noble et riche et chiés de tote » Normandie. Si estoit garnie de bone gent » et de nobles homes; et dui chastiaux tant » seulement, Arches et Verneul, qui moult »  estoient noble et fort, et de siége et de mu-

---

(1) Voir la page 14.

(2) Not. sur Arques, p. 11. Roger de Hoveden. Rigord, ap. hist. de Fr., XVII., p. 44.

(3) Rigord. Willelm. Armor. Chroniq. de Saint-Denis. Matth. Paris.

» raille, et de si grant garnison de bons de-
» fendeors (1). »

Pressées fortement, les trois forteresses pro-
mirent de se rendre, si, au bout de trois
jours, elles ne recevoient point de secours.
Elles députèrent vers le roi Jean. Les envoyés le trouvèrent jouant aux échecs. Il se
mit en colère de ce qu'on le troubloit, et
n'écouta rien. Il perdit la partie et répondit
enfin avec fureur : *De quoi vous avisez-vous
de me demander du secours? je ne puis vous
en donner; faites comme vous voudrez.* Les
trois places se rendirent le 1er juin 1204 (2).
Arques et Verneuil, à cause de leur belle
défense, obtinrent un article particulier dans
la capitulation de Rouen.

Ainsi les braves Normands, trahis par la
lâcheté du roi Jean, plièrent sous le joug
des François, deux cent quatre-vingt-treize
ans après le traité de Saint-Clair-sur-Epte.
Nous n'avons pas parlé de Dieppe à cette
époque, parce que Dieppe qui avoit été détruit quelques années plus tôt, et qui étoit
alors un des apanages des archevêques de
Rouen, n'a point mérité une place dans les
historiens du temps : cette ville obéit au sort
commun de la province.

« A partir de cette époque, dit M. A. Leprévost, Arques cesse d'occuper une place

---

(1) Chroniq. de Saint-Denis; v. la not. sur Arques
p. 13.

(2) V. les auteurs ci-dessus cités.

» distinguée dans les annales de notre pro-
» vince. Son nom, si familier aux historiens
» des rois Normands et des Plantagenets, sem-
» ble disparaître avec la domination de ses
» fondateurs, et serait en vain cherché dans
» le court récit des longs jours de paix dont
» la Normandie jouit sous le règne de Saint
» Louis et de ses successeurs immédiats. Ce
» n'est qu'après un siècle et demi que nous
» le voyons mentionné, de nouveau, dans
» la liste des châteaux qui devaient être livrés
» aux Anglais, en 1359, en vertu du traité
» de Brétigny. Nous savons encore qu'Arques
» fut pris, en 1419, par Talbot et Warwick,
» puis rendu à Charles VII par l'un des arti-
» cles de la capitulation de Rouen, en 1449;
» mais l'introduction des armes à feu, et la
» prospérité toujours croissante d'une cité voi-
» sine et rivale, avaient porté un coup mortel
» à sa splendeur et à sa puissance (1). Néan-
» moins, les jours de sa gloire n'étaient pas
» tous écoulés; il était, au contraire, réservé
» au plus chevaleresque des rois de l'histoire
» moderne d'entourer les ruines de la ca-
» pitale du Talou, de plus d'illustration que

---

(1) Les chroniques manuscrites nous disent que le
château d'Arques fut surpris pendant les guerres civiles
par de CHATES, gouverneur de Dieppe. Il fit déguiser
en matelots quelques Dieppois et quelques soldats
qui, sous prétexte de vendre du poisson, entrèrent dans
le fort, et bientôt faisant briller les armes qu'ils tenoient
cachées, donnèrent le temps à un corps de troupes de
s'en rendre maître.

» jamais les événemens du moyen âge n'en
» avaient attaché à ses remparts. . . . . . . .
» . . . . . . . . . . . . . . . . . . . » (1)

Henri IV avoit fait sonder Aimar de Chastes,
gouverneur de Dieppe. « Il voulut s'assurer
» par lui-même des dispositions de ce com-
» mandeur et alla conférer avec lui. Il en re-
» vint extrêmement satisfait, et voyant qu'il
» pouvoit compter sur une place de retraite
» aussi sûre que Dieppe, il en craignit moins
» de tenir la campagne devant l'ennemi, et
» résolu de lui faire tête jusqu'à là der-
» nière extrémité, il vint se poster devant
» Arques (2). »

Cependant le duc de Mayenne s'avança avec
une forte armée de ligueurs, composée de
François, d'Allemands, de Lorrains et de Val-
lons. Il s'approcha d'Arques pour en déloger
le roi; mais voyant qu'il étoit trop bien re-
tranché de ce côté, « il tourna sur la droite,
» passa la Béthune plus haut et s'alla poster
» sur l'autre côteau qui est vis-à-vis d'Arques,
» la rivière entre deux, d'où il pouvoit plus
» aisément attaquer le bourg par le bas, et
» s'aller saisir du Pollet, faux-bourg de Dieppe,
» de ce costé-là (3). »

Il se livra devant le Pollet quelques combats dans lesquels Henri IV eut l'avantage.
Mayenne, après ces mauvais succès, se retira

(1) Not. sur Arques, p. 13.
(2) Mém. de Sully, p. 330, T. I.
(3) Maimbourg, hist. de la Ligue, p. 370.

dans un village brûlé, où il chercha vainement
à se maintenir; il demeura quatre ou cinq
jours dans ses quartiers de Martin-Eglise (1),
afin de remettre ses soldats de l'étonnement
où ils étoient (2).

La bataille se donna sur la pente du coteau
de Saint-Etienne, qu'on voit de l'autre côté
de la vallée, en face de soi, lorsque du château d'Arques on regarde vers le nord-est du
côté de Martin-Eglise. La maladrerie dont il
va être question est aujourd'hui une ferme
qu'on aperçoit sur ce coteau de Saint-Etienne
et sur la lisière de la forêt.

Le matin de la bataille, 20 septembre 1589,
Henri IV se fit apporter de quoi manger dans
une fosse, où il appela ses principaux officiers
pour déjeuner avec lui (3).

Le roi comptoit sous ses drapeaux trois mille
combattans, dont six cents cavaliers; la ligue
avoit une armée de vingt-cinq mille hommes
de pied et de huit mille chevaux.

Au commencement de l'action, le comte de
Belin, qui tenoit pour la ligue, ayant été pris,
le roi alla à sa rencontre et l'embrassa en sou-
riant. Comme le comte cherchoit des yeux,
partout, une armée, Henri qui s'en aperçut, lui
dit : « Vous ne les voyez pas tous, car vous

---

(1) Ce village est au nord-est d'Arques, de l'autre
côté des prairies, dans l'enfoncement formé par la vallée
d'où débouche la rivière d'Eaulne.

(2) Maimbourg. hist. de la Ligue, p. 372.

(3) Mém. de Sully, p. 332.

10

( 146 )

» n'y comptez pas Dieu et le bon droit qui
» m'assistent (1). »

Nous puisons dans les Mémoires du duc
d'Angoulême, acteur dans cette fameuse journée, un récit qui nous paroît offrir des détails fort curieux.

« Comme j'ai figuré l'assiette d'Arques, vous
» avez vu que depuis Martin-Eglise jusqu'au
» premier retranchement, le terrain en étoit
» divisé en plaine, s'étendant depuis le ruis-
» seau jusqu'à la colline, et que la colline
» étoit jusqu'aux bois, sans toutefois qu'elle
» fût inaccessible.

» Le duc de Mayenne, depuis le ruisseau
» jusqu'à la colline, mit sa cavalerie et fit mar-
» cher à sa gauche son infanterie. » ( *Suit un
dénombrement des troupes que nous trouvons
inutile de donner au lecteur.* )

« Le roi voyant venir une si grosse armée
» sur ses bras, au lieu de s'en étonner, se ré-
» solut non – seulement de l'attendre, mais
» même de l'attaquer. L'assiette lui étoit favo-
» rable, et sa cause étoit si juste, qu'elle aug-
» mentoit sa valeur par l'assurance qu'il prenoit
» en l'assistance de Dieu; de sorte qu'ayant
» mis ses troupes en l'ordre qui suit, sa cava-
» lerie occupoit tout le terrain depuis la ri-
» vière de Béthune jusqu'à la maladrerie.

» La compagnie de Fournier, composée
» de quelques quarante maîtres avec casa-

---

(1) Mém. de Sully, p. 333.

» ques, étoit à ma tête, sur ma main droite,
» laquelle chargea Jean-Marc qu'elle défit.

» Moi, étant derrière avec celle du roi com-
» mandée par Rambures, De Lorge et Mont-
» gommery, avec vingt gentilshommes qui
» étoient tous mes domestiques ou mes amis,
» le tout faisant six vingts chevaux, je char-
» geai Sagonne, lequel je reconnus, monté
» sur un cheval turc nommé le *Mosquat*,
» armé d'armes argentées à bain, et un petit
» manteau d'écarlate ; l'appelant au combat,
» il me cria, *Du fouet, du fouet, petit gar-*
» *çon ;* et venant à moi, il perça mon cheval,
» qui étoit d'Espagne, depuis l'épaule droite
» jusque sous la bande gauche de la selle, de
» sorte que, ne pouvant retirer son épée qui
» étoit un estoc que j'ai encore, il fut contraint
» d'arrêter quelque temps, ce qui me donna
» le moyen de lui tirer mon pistolet à la cuisse
» droite. Son escadron tourna le dos, lequel
» je poursuivis jusqu'à celui de Ballagny, qui
» rompit sans m'attendre ; mais M. de Nemours
» vint avec le sien, duquel sans doute j'eusse
» été emporté si M. de La Force, avec Bac-
» queville et l'Archant, ne me fussent venus
» secourir. Alors, avec une valeur extrême
» accompagnée d'expérience, ledit sieur de
» La Force entra par le flanc dans l'escadron
» dudit duc, lequel se renversant sur celui
» du duc d'Aumalle, le mit en tel désordre,
» que M. de Mayenne fut contraint, avec le
» reste, de venir au secours ; de façon que
» nos troupes déjà mêlées furent obligées de

10*

» céder à la multitude et de se retirer jusqu'à
» la haie qui joignoit la maladrerie.

» Cependant l'infanterie ennemie attaquoit
» notre premier retranchement, depuis ladite
» Maladrerie jusqu'au bois, où, par une tra-
» hison indigne du nom d'Allemand, les lans-
» quenets ennemis, mettant bas leurs dra-
» peaux et leurs piques, criant : Vive le Roi!
» et assurant qu'ils le vouloient servir, furent
» aidés par les nôtres, de même nation, à mon-
» ter dans le retranchement, où, étant entrés
» comme amis, ils tournèrent leurs voix et
» leurs armes, et tuèrent ou prirent ce qui
» y étoit.

» Cependant M. de La Force, qui avoit eu
» son cheval tué, n'eut le loisir que d'en pren-
» dre un autre pour retourner au combat, et
» empêcher que les ennemis ne se prévalus-
» sent de l'avantage que la trahison de leurs
» lansquenets leur avoit donné.

» En même temps, le comte de Roussy,
» jeune frère de M. de La Rochefoucaud, fut
» tué d'un coup de lance dans l'œil. . . . . .
» . . . . . . . . . . . . . . . . . . . . . . .

» Le roi, qui animoit par sa présence, sa
» parole et sa bonne mine, tout le monde, me
» trouvant à pied parce que mon cheval ne
» me pouvoit plus porter, commanda que l'on
» m'en baillât un de son écurie, nommé le
» Sondal, sur lequel je retournai au com-
» bat contre les troupes espagnoles, et après
» les avoir menées battant jusqu'au gros de
» M. de Mayenne, je trouvai l'escadron que

» commandoit Thianges de quelques deux
» cents chevaux, qui me mena jusque dans le
» régiment de Gallaty, où mon cheval aïant
» fini son service et sa vie, ledit Gallaty me
» reçut auprès de lui, auquel ce seroit faire
» tort, si on ne lui donnoit la gloire d'avoir,
» par sa valeur et par une action sans peur,
» sauvé le roi et l'Etat, par la résistance qu'il
» fit à la charge très-hardie de laquelle Thian-
» ges l'attaqua, où il perdit, dans le premier
» rang de quelques Suisses, plus de soixante
» hommes et quantité de chevaux, sans que
» ledit bataillon pût être entamé. Gallaty fit,
» dis-je, une action si remarquable, que j'ai
» cru qu'il en falloit faire part au public; la
» voici :

» Un cornette de Thianges, aïant eu son
» cheval tué, et se voulant retirer, Gallaty
» sort de son rang, et d'un coup de pique le
» porte par terre, le prend prisonnier et le
» ramène dans son bataillon.

» Le sieur de La Force et moi arrivâmes
» auprès du roi, démontés, en même temps
» qu'un capitaine de lansquenets ennemis,
» voulant parler à sa majesté, eut l'effronterie
» de lui demander s'il se vouloit rendre au duc
» de Mayenne, et, présentant l'épée contre
» le roi, fit un pas pour l'en frapper. La clé-
» mence du roi fut si grande, qu'il défendit à
» ceux qui le vouloient punir de son outre-
» cuidance, de le faire. La Rochefoucaud me
» donna un cheval d'Espagne, blanc, qui me
» fut blessé en une charge que je fis, en pré-

» sence du roi, sur quelque infanterie qui
» vouloit aller joindre ses lansquenets.

» Durant tous ces combats, le maréchal de
» Biron avoit donné à Richelieu, qui étoit
» grand prévôt, soixante chevaux, avec les-
» quels il tenoit le long du bois, pour empê-
» cher que les lansquenets ne se rendissent
» maîtres de la plaine qui étoit entre le pre-
» mier retranchement que nous avions perdu,
» et le second qui étoit à la tête de la chaussée
» d'Arques, gardée par les régimens de Sol-
» leure et de Balthazar, dont Richelieu s'ac-
» quitta dignement, faisant plusieurs charges
» qui obligèrent les ennemis à ne point passer
» outre.

» La cornette blanche étoit en bataille à la
» tête du deuxième retranchement; celles de
» Messieurs les princes de Conti et de Mont-
» pensier bordoient la haie et le chemin qui
» va d'Arques à la Chapelle.

» Le roi dans cette douceur qui lui étoit
» naturelle, ne put s'empêcher de dire qu'il
» n'étoit pas satisfait, et M. de Montpensier
» fut contraint de faire une charge aux enne-
» mis, où il y eut bien plus de volontaires
» qui n'étoient pas à lui, que de ceux qui
» étoient à sa solde.

» Un gentilhomme normand, nommé Saint-
» Aubin, fut trouvé mort dans ses armes,
» sans avoir aucune blessure. Le frère de
» Vince, gentilhomme provençal, nommé
» Saint-André, armé de toutes pièces dans
» une casaque de velours raz, noir, semé

» de croix de Lorraine en broderie d'ar-
» gent, étant acculé contre la rivière de
» Béthune, se défendit fort long-temps
» contre les sieurs de La Rochefoucaud, Roc-
» quelaure et Beaupré; mais il fut enfin tué
» d'un coup de pistolet, qui avoit été pris
» au cheval d'un nommé Bez, qui étoit au
» duc de Nemours, par un gentilhomme
» nommé des Emars, mon capitaine des
» gardes.

» Ce Saint-André, qui étoit d'une taille très-
» grosse et grande, ayant été dépouillé, on
» lui trouva une cicatrice à la jambe. Un
» valet qui étoit à Gerbes, lequel avoit été
» marqueur du jeu de paulme, affirma, sur
» ce sujet, que c'étoit le corps du duc de
» Mayenne; de sorte que le bruit en courut
» par toute l'armée comme d'une chose vé-
» ritable.

» Nos forces étant fort inégales à celles des
» ennemis, il étoit très-nécessaire de con-
» server nos avantages, et de faire nos com-
» bats, autant par nécessité que de volonté:
» néanmoins, quelques troupes fraîches nous
» arrivant, le maréchal de Biron qui voyoit
» tout avec un jugement admirable, et agis-
» soit avec une valeur sans pareille, voyant
» arriver la compagnie du prince de Condé,
» ordonna au comte de Torrigny, fils aîné
» du maréchal de Matignon, de charger un
» escadron de cavalerie commandé par le
» marquis Dupont. M. de Bellegarde, grand-
» écuyer, fut de la partie; ce qui succéda

» si heureusement, que plusieurs des ennemis,
» cherchant leur salut dans leur fuite, et
» voulant passer le marais, y demeurèrent
» noïés ou embourbés; le reste se retira à
» l'abri de ce grand corps de Reistres, les-
» quels, en ce temps-là, avoient beaucoup
» plus de montre que d'effet.

   » Les ennemis, après avoir éprouvé la va-
» leur des armes du roi, commençoient à
» s'amollir et plutôt à minuter leur retraite,
» qu'à songer à de nouvelles attaques, lorsque
» M. de Châtillon, l'un des plus généreux ca-
» pitaines de son temps, arriva ; et ne voulant
» pas laisser passer cette journée sans y faire
» paroître le soleil de son cœur, accompagné
» de cinq cents arquebusiers fut droit à la
» maladrerie que les ennemis avoient gagnée,
» l'attaque et la force, et tue ou prend tout ce
» qui est dedans.

   » De·là, il fait filer deux cents hommes vers
» le retranchement d'en haut, et en chasse
» les ennemis, de sorte que le champ de ba-
» taille nous demeura avec les morts et leurs
» dépouilles. Pour plus grande marque de la
» victoire et de la gloire des armes du roi, sa
» majesté fit ramener les canons au premier
» retranchement, d'où ils saluèrent les enne-
» mis, lesquels ayant perdu quantité de no-
» blesse, capitaines, officiers et soldats, pleins
» de honte et de confusion vont reprendre
» leur logement.

   » Le roi pour la première action de sa vic-
» toire, en rend grâces à Dieu sur-le-champ,

» puis se retira à Arques, où les catholiques
» firent chanter le *Te Deum*, et ceux de la
» religion prétendue réformée chantèrent
» des psaumes. Mais comme le roi étoit le
» meilleur juge de toutes les actions qui s'é-
» toient passées en ce combat, aussi en donna-
» t-il des louanges proportionnées au mérite
» de ceux qui l'y avoient servi.

» Le combat commença sur les dix heures
» du matin, et dura jusqu'à onze heures. Le
» commencement fut accompagné d'une pe-
» tite pluie, et d'un brouillard si épais que
» les canons du château qui commandoient
» sur le champ de bataille, ne nous donnèrent
» aucun avantage (1).

» Les ennemis, par leur propre confession,
» y perdirent plus de six cents hommes morts

---

(1) Les mémoires de Sully attribuent la victoire au
canon du château d'Arques. « Notre salut, disent ces
» mémoires, vint de ce que nous avions regardé comme
» notre plus grand malheur. Le canon du château d'Ar-
» ques étoit devenu inutile par l'épaisseur du brouil-
» lard ; dès qu'il put voir l'ennemi, il fit une décharge
» si juste et d'un effet si terrible, quoique nous n'y eus-
» sions que quatre seules pièces de canon, que les en-
» nemis en furent troublés. Quatre autres volées ayant
» succédé assez rapidement, l'armée ennemie, qu'il per-
» çoit toute entière, ne put supporter ce feu, et se re-
» tira en désordre sur le flanc du vallon, derrière lequel
» se perdit, quelques momens après, toute cette épou-
» vantable multitude..... » Mém. de Sully, p. 338, T. I.
C'est aussi la version que donne Maimbourg. « Et en
» même temps le canon du château qui l'avoit en but,
» donnant dans son armée, l'obligea de reprendre le
» chemin de ses quartiers, en laissant la victoire au roi

» sur la place, et quantité de prisonniers en-
» tre lesquels étoient MM. de Belin et de Trem-
» blecourt, le premier pris par M. de Malagny,
» fils aîné de Beauvais-la-Nocles qui fit fort
» bien, l'autre par Brigneux mestre de camp.

» Des nôtres la perte pour les morts ne fut
» considérable qu'en la personne du comte
» de Roussy, et peu de temps après par
» celle de Bacqueville qui étoit homme de
» grande condition et générosité; mais il n'a—
» voit charge que d'une compagnie de ca-
» valerie, bien que quelques historiens l'aient
» voulu faire passer pour un mestre de camp
» général de la cavalerie : car c'étoit M. de
» Guiry, auquel le feu roi mon maître l'avoit
» baillée à ma supplication.

---

» qui garda son logement d'Arques qu'on prétendoit lui
» enlever. » Hist. de la Ligue, p. 375.

L'auteur des *Mémoires chronologiques* dit que le canon du château d'Arques fut servi par un détachement
des canonniers bourgeois de Dieppe. Nous trouvons dans
une chronique manuscrite que de temps immémorial il y
avoit à Dieppe trois exercices célèbres, le premier de
l'arbalète, le second de l'arc, le troisième de l'arque-
buse. Les arquebusiers furent, dans la suite, appelés
*canonniers du château*. Cette compagnie existe encore
sous le nom de *canonniers bourgeois*. Ces canonniers,
tous les ans, le troisième dimanche de mai, se livrent à
un exercice d'adresse. Un petit oiseau de bois doré est
élevé sur un mât planté au sommet de la falaise, derrière
le château. Les tireurs sont postés au pied de la falaise,
dans l'enceinte du *bas fort blanc*. Autrefois l'oiseau des
arquebusiers étoit placé sur la tour de l'ancienne église
de Saint-Remy; les prétendans étoient dans le fossé du
château.

» Un gentilhomme nommé Apancy eut le
» bras cassé. Bond-Courlay eut son cheval tué
» de cinq coups de lance et la Rochejacque-
» lin une mousquetade au deuxième combat,
» étant tous avec moi. Rambures fut blessé,
» et son cheval tué. M. de La Force eut trois
» chevaux tués et deux de blessés, quelques
» soldats de cavalerie blessés; et ce qui étoit
» dans le retranchement d'en haut, tué ou pris
» au nombre de cent, ou six vingts; bref cette
» grande journée se passa tout-à-fait à l'a-
» vantage des armes du roi (1). »

Henri IV, après cette éclatante victoire, « se
» retira à Arques, et de-là à Dieppe, toujours
» harcelé par les ennemis, et dans des escar-
» mouches continuelles. Cependant, ajoute
» Sully, le roi se trouva exposé à un péril
» plus évident dans l'une de ces rencontres,
» où, se croyant loin des ennemis, et s'exer-
» çant avec nous, dans une prairie, à une
» espèce de jeu militaire, il essuya une dé-
» charge de deux cents fusiliers qui s'étoient
» mis en embuscade le ventre à terre, entre
» deux haies, à deux cents pas au plus de l'en-
» droit où nous étions.

» Il est certain que tout autre que Henri
» auroit été infailliblement accablé avant que
» d'avoir reçu les secours qu'on lui préparoit;
» mais, par sa valeur et son habileté à dis-
» puter le terrain, il donna le temps à quatre
» mille Anglois et Écossois, que lui envoyoit

(1) Mémoires du duc d'Angoulême, p. 79, 92.

» la reine Elisabeth, de passer la mer, et ce
» renfort fut bientôt suivi d'un plus grand, que
» lui amenèrent MM. le comte de Soissons,
» Henry d'Orléans, duc de Longueville, d'Au-
» mont et de Biron. Il ne courut tant de dan-
» gers à Dieppe, que par la faute du comte
» de Soissons, qui s'amusoit à disputer sur le
» commandement, au lieu de voler au secours
» du roi.

» Mayenne n'osa attendre la jonction de
» toutes ses troupes ; il disparut avec son ar-
» mée, et le laissa maître de la campagne.
» Henry ne parla plus alors de tenir la Nor-
» mandie ; il reprit le chemin de Paris qu'il
» n'avoit quitté qu'à regret (1). »

Henri, reconnoissant des témoignages de
dévouement que les Dieppois lui avoient donnés, confirma leurs priviléges, ainsi que ceux
des Polletais. Il établit aussi à Dieppe la juridiction consulaire.

Nous devons aux recherches studieuses de
M. Sollicoffre un mémoire fort curieux, qui
nous montre l'état du château d'Arques en
1708. A ce mémoire sont joints un plan et deux
vues, l'une de la porte du côté de Dieppe (2),
l'autre du donjon. On ne peut élever aucun
doute sur l'authenticité de ce mémoire, et sur
la vérité du plan et des vues : une note mar-
ginale nous apprend qu'un double est déposé
aux archives militaires du château de Dieppe.

_____

(1) Mém. de Sully, p. 339, 340, T. I.
(2) Nous donnons cette porte dans nos dessins.

Si l'extrait que nous donnons n'est pas remarquable par le style, nous pensons qu'il n'en
offre pas moins d'intérêt.

« Son enceinte est de maçonnerie fort
» épaisse, flanquée de quatorze tours ; tant
» grosses que petites, rondes et carrées, qui
» sont toutes voûtées à deux et trois étages,
» mais dont la plupart sont comblées par les
» ruines des parapets du dessus, à l'exception
» des quatre plus grosses, de la première et
» seconde entrée du côté de Dieppe, dans
» lesquelles il y a à chacune un magasin sous
» terre, et un corps-de-garde au-dessus, qui
» sont très-beaux, et dont la maçonnerie,
» qui est de briques, se trouve en quelques
» endroits aussi belle que si elle venoit d'être
» faite.

» L'on a pratiqué dans le passage de l'en-
» trée de ce château, du côté de Dieppe, des
» galeries dans les épaisseurs des murs qui sont
» percés de créneaux, en sorte qu'il faut, pour
» y entrer, passer entre deux feux.

» Il y a dans ce château un fort beau don-
» jon, d'une figure carrée, qui est séparé en
» deux par dedans d'une muraille de cinq
» pieds d'épaisseur, ayant dans un des côtés
» un grand magasin, une chapelle, une petite
» chambre, et un escalier pour monter sur la
» plate-forme ; de l'autre côté, un autre ma-
» gasin de même grandeur que le premier,
» un puits qui est comblé à quarante toises
» de profondeur, de petites galeries, avec
» d'autres petites chambres ou prisons, prati-

» quées dans l'épaisseur des murs, et un en-
» droit où étoit autrefois un moulin.

» Les voûtes de ce donjon, qui sont fort
» élevées, sont faites en ogive. Elles portent une
» plate-forme assez belle, qui commande à
» toutes les hauteurs qui environnent cette
» forteresse.

» L'on trouve au pied de ce donjon un
» escalier de cinquante-deux marches, qui
» descend à des souterrains pratiqués dans la
» marne, sous l'escarpe du fossé, qui ont six
» pieds de hauteur et quatre pieds de largeur,
» dont partie sont revêtus de briques; celui
» qui est à la droite, au pied dudit escalier,
» n'a été poussé que sur la longueur de qua-
» rante toises; celui de sa gauche se trouve
» bouché par des décombres à soixante-quinze
» toises, et paroît aller plus loin; l'on assure
» même qu'il descend jusqu'à la rivière, qui
» est dans une vallée fort enfoncée au pied
» dudit château. L'on va de ce souterrain dans
» un autre que l'on dit qui conduit jusqu'à
» Dieppe, et dont l'entrée, qui commence
» au bout de ce dernier, est aussi bouchée
» par des décombres.

» Le logement de M. le gouverneur et les
» autres sont assez considérables pour la pe-
» titesse du lieu; s'ils étoient en meilleur état
» qu'ils ne sont, l'on pourroit dans un besoin
» loger une assez bonne garnison dans ce
» château, où l'on trouveroit aisément de quoi
» mettre à couvert les munitions de guerre et
» de bouche nécessaires à sa défense.

» Il y a un puits au milieu dudit château
» dont l'eau est excellente, et une machine
» propre à en tirer un muid à la fois si elle
» étoit rétablie.

» Les deux ponts de ce château sont de
» maçonnerie; celui qui est du côté de Dieppe
» est en assez bon état (1); mais celui qui est
» du côté de Longueville, les piles en sont
» tombées.

» Le fossé qui est autour du château est
» fort large et profond; il y a un petit chemin
» sur le bord de sa contre-escarpe de la lar-
» geur de six pieds, qui termine les deux cô-
» tés de la hauteur sur laquelle il est bâti,
» ayant sur le penchant de sa droite, qui est
» fort roide et très-enfoncé, une vieille en-
» ceinte de maçonnerie que l'on dit être celle
» d'une ancienne ville que l'on nommoit la
» *ville du Bel* (2), où il paroît effectivement

(1) Nous avons donné la vue de la porte à laquelle ce
pont appartenoit. Notre dessin est on ne peut plus fidè-
lement calqué sur celui que l'ingénieur avoit joint à son
mémoire. Cependant nous nous sommes permis d'ajouter
le pont qu'il n'a pas dessiné; nous ne savons par quels
motifs il l'a supprimé. Nous avons pris notre modèle sur
un pont dont la construction appartient à la même époque, et qui doit nous donner une idée exacte de ce qu'é-
toit celui du château d'Arques. Comme l'ingénieur dit
que ce pont étoit en assez bon état, nous avons cru pouvoir nous permettre de rétablir son omission. Cette ad-
dition, d'ailleurs, si c'en est une, ne nuit en rien à la
vérité; à l'exception du pont, qui est sur le premier plan,
notre dessin retrace avec scrupule celui de l'ingénieur.

(2) Ce mémoire est le premier dans lequel nous ayons
trouvé cette tradition sur une ancienne ville du *Bel*. Le

» encore quelques ruines des maisons qui y
» étoient autrefois.

» Au pied de cette vieille enceinte et de la
» hauteur du château il y a une vallée fort
» large, dans laquelle passe la rivière d'Ar-
» ques qui va à Dieppe, sur laquelle on char-
» rie les bois des forêts qui sont à cinq et six
» lieues aux environs de cette ville.

» Le bourg d'Arques, qui est à la gauche de
» cette rivière, au pied dudit château, du côté
» de Dieppe, est assez considérable; il contient
» environ cent trente maisons, il y a une fort
» belle église paroissiale, un couvent de filles
» et une petite chapelle : l'on y tenoit autre-
» fois une juridiction qui est présentement
» établie à la porte de Dieppe, mais toujours
» sur le territoire d'Arques, du gouvernement
» duquel elle dépend, n'ayant été transportée
» près de Dieppe que parce que les maisons
» de ce bourg furent détruites du temps des
» anciennes guerres.

» Ce château a sur sa gauche une gorge fort
» creuse et montagne au-delà, qui n'en est

nom du *Bel* appartenoit autrefois à plusieurs monumens
de la Normandie. L'église de Saint-Léonard du *Bel* à
Criel près d'Eu, la porte du *Bel* à Fécan, le *bel* de la
vieille tour de Rouen. *Bel* est un nom teutonique qui signifie une cloche, et de-là est venu le nom de *Befroi*
pour *Belfroi*. Il y avoit à Arques en 1433 un fief dont le
seigneur étoit tenu de garder la première porte du *Bel*,
c'est-à-dire, de la cloche ou du béfroi. ( D. Duplessis,
descript. de la H. Norm.-Arch. de la ch. des c. de Paris.)
Les Anglois ont conservé le mot *bell* dans leur langue
pour signifier aussi une cloche.

» éloignée que de cent soixante-dix toises, à
» laquelle il commande; mais il y en a une
» autre qui est plus élevée que le château, et
» qui ne pourroit cependant lui faire beau-
» coup de tort avec le canon, attendu que les
» deux grosses tours qui lui sont opposées ont
» treize à quatorze pieds d'épaisseur. »

Ce mémoire place la construction du château d'Arques à une époque plus ancienne que
celle que nous lui assignons; il parle d'une
pierre qui se trouvoit au haut du donjon, et
sur laquelle on lisoit le millésime 553. Nos
chroniques manuscrites et D. Duplessis parlent également de cette inscription; mais tous
ces écrivains avouent qu'un chiffre étoit à
demi effacé, et aucun d'eux ne cite la même
date : nous croyons donc que leurs conclusions
ne peuvent être prises en considération, surtout après les autorités dont nous nous sommes appuyés précédemment.

Ce fut la main des hommes, plutôt que le
temps, qui détruisit ces remparts. Voici, d'a-
près des renseignemens certains, les différentes époques où l'autorisation du gouvernement
et la cupidité particulière causèrent la destruction de la forteresse du comte Guillaume (1).

En 1722 le ministère rejeta la demande qui
lui avoit été faite de démolir le château d'Ar-

_____

(1) Aujourd'hui les restes de ce château sont devenus
une propriété particulière. Le possesseur M. LARCHE-
VÊQUE, habitant d'Arques, emploie ses soins à préserver
ce beau monument d'une ruine totale.

11

ques, reconnu impropre au service du roi.

En 1753 la demande fut renouvelée et accordée, ou du moins le ministère donna la permission d'y prendre des pierres.

M. DE CLIEU dont nous avons parlé à l'article des hommes célèbres, obtint la permission d'y choisir des matériaux pour la construction de son château de Derchigny, à 2 lieues Est de Dieppe.

De 1753 à 1768 cette permission fut accordée à divers particuliers, entre autres aux religieuses d'Arques.

En 1771 elle est donnée généralement à tous les habitans d'Arques; on leur permet *« de prendre des pierres pour leurs maisons. »*

Enfin en 1780 il falloit qu'il en restât fort peu, puisqu'on trouve une autorisation d'enlever *« le peu de matériaux restant au châ-* » teau d'Arques. »

Pendant ces intervalles bien des gens prirent des pierres sans autorisation, car en plusieurs occasions on a déféré de ce vol à la justice.

A la vue de ces ruines l'esprit du spectateur est saisi d'émotions diverses, nous nous garderons bien d'y mêler de stériles réflexions; chaque homme a sa manière de sentir, selon son âge et les positions de la vie. L'aspect de ces terribles murailles tombées au milieu d'une nature qui ne vieillit jamais, lance notre imagination dans les champs de l'infini, et réveille en nous, d'une manière puissante, les sentimens religieux qui élèvent notre ame et la consolent.

En quittant les ruines du château, l'œil embrasse un horizon étendu; la vue s'arrête à l'est sur la forêt d'Arques, et plonge dans une profonde vallée dont l'extrémité la plus reculée appartient au pays de Bray. Vers le nord-est on découvre de riches plaines, et au nord, au-dessus du feuillage des arbres qui entourent l'ancienne capitale du Talou, la ville de Dieppe et la mer qui se confond avec l'azur du ciel.

Ces lieux sont souvent fréquentés; leur ancienne renommée y attire un grand nombre d'étrangers. Un écrivain anglois y vint il y a quelque temps, et de retour dans sa patrie, publia le récit de son voyage dont nous donnons la traduction qu'on a tâché de rendre le plus littéralement possible.

---

# LE MANCHOT, JOUEUR DE FLÛTE,
## A ARQUES;

Par G...... Traduit de l'anglois par B. G.

---

« Pends-toi, brave Crillon! nous avons combattu à Arques, et tu n'y étois pas; » ce fut le court avis que Henri IV donna à son ami lors de la victoire brillante et presque miraculeuse qu'il venoit d'y remporter. Ce lieu

11*

mémorable n'est pas moins riche en beautés
naturelles, qu'il est remarquable en souvenirs historiques. Il a ce double charme, de
retenir l'habitant sur sa terre natale et de
captiver l'étranger. Plaisir dans la possession
et noble orgueil dans les souvenirs, suffisent
pour remplir l'esprit des villageois qui l'occupent et leur en rendre la demeure agréable; et cette union du passé, avec les agrémens
réels du présent, forme, dans les alentours,
un attrait magique pour l'oisif voyageur.

De Dieppe à Arques, il y a environ une
lieue de distance, et une heure de marche
pour le vulgaire piéton; mais pour celui qui
s'arrête et réfléchit sur sa route, qui cherche à
chaque pas à alimenter son esprit, qui voit une
moralité dans une ruine, ou un précepte dans
le bruissement des arbres, qui étudie la nature afin de connoître les hommes, pour celui-
ci l'espace de temps de midi au soleil couchant
est à peine suffisant pour cette course.

Ayant parcouru la plus grande partie de la
Normandie, mangé à satiété des pommes
daus les vergers qui bordent les grands chemins, et bu du cidre avec satisfaction dans
les auberges des villages, je me trouvai, une
belle soirée d'octobre, approchant de très-
près la terre de mon pélerinage, le susdit
village d'Arques. Je laissois Dieppe derrière
moi, reposant dans ce mélange d'engourdis-
sement et de bruit décroissant de ces petites
villes amphibies, qui n'appartiennent, pour
ainsi dire, ni à la mer, ni à la terre,

ou plutôt qui sont communes à toutes deux.
Comme j'entrois dans les champs, j'entendis
le bruit des pêcheurs mêlé avec celui du
flot de la marée ; un paquebot de Brigthon
approchoit du port avec sa cargaison de
curiosité et peut-être de soucis. Un autre
venoit de mettre à la voile pour l'Angleterre, frété par le bonheur et l'espoir joyeux
de revoir ses foyers ; nul doute que plusieurs
des passagers ne s'en retournassent avec ce
sentiment d'importance et de triomphe ordinaire au voyageur. Ils étoient favorisés d'une
légère brise qui promettoit une heureuse traversée à ces petits bâtimens, qui ont la facilité
de faire route en serrant de près le vent. Ainsi,
je tournois le dos à la mer tout-à-fait tranquille sur chaque aventurier voguant.

En perdant de vue la ville, nous arrivâmes
immédiatement dans la vallée d'Arques et entrâmes sur la scène où se passa la célèbre bataille de septembre 1589. En atteignant le
lieu désigné pour jouir de cet aspect, on se
rappelle la description de Sully. « Au bout
» de la chaussée d'Arques, règne un long
» côteau tournoyant couvert de bois taillis.
» Au-dessous est un espace de terre laboura-
» ble, au milieu duquel passe le grand chemin
» qui conduit à Arques, ayant des deux côtés
» deux haies épaisses. Plus bas encore, à main
» gauche, au-dessous de ce terrain labouré,
» est une espèce de grand marais ou terre
» fangeuse. »

Je ne puis en faire un récit plus clair et

meilleur; car chaque chose est aujourd'hui
précisément la même, excepté que le marais
est changé en un fertile pâturage, et qu'en
suivant de l'œil le détail que le vieux Sully fait
de la disposition des troupes sur le champ
de bataille, nous avons maintenant en perspec-
tive, au lieu *d'un escadron de lansquenets*, des
bestiaux paissant, et un troupeau de moutons
à la place *du bataillon des Suisses ;* la hauteur
boisée qui domine ce lieu ne retentit plus des
cris de joie poussés par *de Chartres*, *Palcheux*,
*Brasseuse* et les autres héroïques compagnons
du bon Henri.

S'élevant au-dessus des arbres qui envelop-
pent le village sur la droite, les ruines du château frappent majestueusement la vue, et la
vivacité avec laquelle se reproduit devant nous
le tableau de plus de deux siècles passés s'é-
vanouit soudainement à l'aspect de ces chétifs
fragmens d'une forteresse jadis si puissante,
forteresse qui, de ses embrasures, offrit au
canon huguenot les moyens de faire dans une
seule journée tant de ravages sur les forces de
la ligue. L'illusion n'est pas de longue durée ;
La main du temps se montre plus puissante
que l'essor de l'imagination, et nous force à
rentrer dans la contemplation de l'austère
réalité qui nous environne.

Je dirigeai ma route vers la hauteur sur laquelle les vieilles tours tombent en ruines, et
passant sous les restes de la voûte qui reçut
après sa victoire le triomphant Henri, et suivant alors le raboteux sentier qui conduit à la

principale entrée, j'arrivai au sommet d'une
levée de terre qui forme la base de la vaste
étendue de l'édifice. L'immense développement de ces ruines fait naître à la fois le sentiment de l'humaine grandeur et de la foiblesse
des mortels; et le cours des réflexions se presse
sur les ruines comme l'œil erre sur les sites
qui l'environnent. Ce lieu peut être considéré
extérieurement comme le lieu de repos où un
esprit coupable peut préparer son retour à la
vertu.

Tandis que debout je rêvois « en plein air,
» où la suavité des odeurs et les sons de la
» musique circulent également (1), » et où je
ne désire ni n'ai besoin d'autre mélodie, les
doux sons d'une flûte vinrent, affoiblis à mon
oreille, sur un ton d'expression si particulier
et si touchant, que je sentis n'en avoir jamais
entendu de semblables. Ayant pendant quelque temps écouté avec beaucoup de délices,
une pause soudaine s'ensuivit; alors l'air chan-
gea; de mélancolique il devint gai, non pas
brusquement, mais par une cadence courante
qui doucement tiroit l'ame de sa langueur et
pénétroit chaque fibre de sensibilité. Cette situation me rappela à l'instant les fables de Pan
et de quelques autres agrestes musiciens, et je
songeai au passage dans la *Nympholept* de
Smith, où Amarinthe dans son enthousiasme
s'imagine qu'il entend la flûte de cette déité
champêtre.

_____

(1) Lord Bacon's essays.

At time mine ear
Catches the sylvan god's ecstatic pipe,
Trilling a melody so sad and drear
For Syrinx loss, that y am forced to wipe
Mine eyes, ere y can look arrounded to spy
Whence it proceeds : but like the cuckoo's song,
T'is ever distant, and its source unseen.

Could nature's self be wrong
Which, ever as this sweet lament occurr'd
Would droop and wear a sympathizing mien?
The zephirs closed their wings, or only stirr'd
To heave a sigh ; the goats, and herds and flocks
On all the fields and rocks,
Ceased browsing, and upturn'd their anxious eyes,
With awful looks.   Methought the very trees
Stood sorrow-struck, with pendent bougs, like ears,
List'ning the dirge.   Yet with what ease
His charming pipe, when happier moods arise,
Involuble and jocund rhapsodies
Can madden into mirth whoever hears.
O what a merry, merry peal,
Then will his glib and dulcet reed
Lavid in many a liquid reel ;
While echo, with a rival speed
Upon the hill-top daming, strains her throat
To double each reverberating note!
Then nature laughs outright ; the wild flowers fling
Their incense up ; the cattle leap for glee ;
The jocund trees their branches toss on high
As if they clapp'd their hands ; the cloudless sky
Smiles on the smiling earth, and every thing
Make holy day and pranksome jubilee.

Répétant ces vers, j'en devins moi-même
l'image pratique et involontaire, car me rendant à peine compte de ce mouvement, je des-
cendis du côteau au village d'un pas dégagé

et animé comme la mesure des sons qui m'attiroient. Quand j'eus atteint le bas du côteau,
et que je fus arrivé dans la rue, l'harmonie
cessa. Il me sembla que j'avois été livré aux
douceurs de l'enchantement. L'église gothique
que je vis à ma droite s'accordoit bien avec
l'architecture des maisons éparses environ-
nantes. De tous côtés un portique, une frise,
des ornemens en pierres découpées, des cottes d'armes, des ciselures donnent à cette place
un air de noblesse et d'antiquité que des massifs
de grands arbres ornent d'une décoration ver-
doyante, et cependant d'une solennelle beauté.

Quelques paysannes étoient assises à la porte
de leur habitation respective, aussi mal placées, pensois-je, que des mendians sous le
vestibule d'un palais, tandis qu'une demi-dou-
zaine d'enfans gambadoient sur la pelouse, au
milieu de la place publique.

Je cherchai en vain parmi ces objets à découvrir le musicien, et ne voulant pas inter-
rompre mes sensations agréables par des questions oiseuses, je tournai tout autour de la
place, cherchant à chaque antique fenêtre une
sorte de disposition semi-romantique. Faisant
face à l'église, et très-près de son côté occi-
dental, une entrée en arcade attira particulièrement mon attention par son travail ancien,
mais parfait, et je m'arrêtai à l'examiner. Je-
tant par occasion un coup-d'œil à travers la
claire-voie, au-dessus de la porte, j'aperçus
une cour et une maison au milieu. Une partie
de l'espace en avant formoit des carrés de jar-

din , et un vénérable vieillard s'occupoit à arroser quelques fleurs. Une jeune et délicate
femme étoit debout à côté de lui, tenant un
enfant dans ses bras. Deux autres se jouoient
auprès d'elle ; tout à côté étoit un homme d'environ une trentaine d'années, qui sembloit
contempler le groupe avec un sourire de satisfaction : sa figure m'étoit en partie cachée ;
mais il m'aperçut immédiatement, quitta le
groupe et descendit le sentier sablé pour m'ac-
coster. Je devinai son intention dans ses regards, et je l'attendis. Comme il quittoit la
position qui me le cachoit, je vis que sa jambe
droite étoit une jambe de bois ; sa gauche étoit
sur le modèle parfait et gracieux de celle d'A-
pollon. Il tendoit son bras droit obligeamment
vers moi; son bras gauche manquoit. Il étoit
nu–tête, et ses cheveux bruns bouclés lais-
soient voir un front que *Spurzheim* auroit
presque adoré. Sa figure étoit d'une mâle
beauté ; ses moustaches, sa veste militaire et
son pantalon juste, bordé d'un passe-poil rouge,
disoient qu'il n'étoit pas privé « d'une des
» belles proportions de l'homme » par aucun
accident vulgaire de la vie, et la croix d'honneur suspendue à sa boutonnière achevoit le
court exposé de son histoire.

Une prompte interlocution consistant en
apologie de ma part, et en une invitation de
la sienne, se termina en l'accompagnant vers
la maison ; et comme j'allois de sa gauche à sa
droite pour offrir le secours d'un de mes bras
au seul qui lui restoit, je vis un sourire sur la

physionomie de sa jolie femme, et un autre
sur celle de son vieux père, et je fus certain
d'être bien vu par la famille. Nous entrâmes
dans la salle. C'étoit une antique pièce, froide
et grande, dont trois ou quatre vieux portraits
faisoient tout l'ornement. Nous passâmes alors
à droite dans un appartement spacieux, qui,
sans nul doute, étoit jadis le salon magnifi-
quement décoré de quelque propriétaire or-
gueilleusement titré. La noblesse de celui qui
l'occupe maintenant est d'un autre genre d'illustration, et les meubles qui la garnissent se
bornent à deux ou trois tables, deux fois autant de chaises; un buffet et un secrétaire. Une
guitare étoit suspendue à un crochet sur le
manteau de marbre gothique de la cheminée ;
un violon étoit placé sur une table, et sur le
bord d'une autre étoit fixé une sorte *d'étau* en
bois, dans lequel étoit retenue une flûte de
grandeur ordinaire, avec trois trous et onze
clefs de métal, mais d'une construction capable d'étonner Monzani, et très-opposée à celle
des premiers instrumens décrits par Horace :

Tenuis simplexque, foramine pauco
Aspirare, et adesse choris erat utilis, atque
Nondum spissa nimis complere sedilia flatu.

Il est inutile de cacher plus long-temps au
lecteur ce qu'il a déjà deviné : mon hôte à une
seule jambe et à un seul bras étoit le propriétaire de cet instrument compliqué, et en même
temps l'amateur qui en avoit tiré des sons qui

m'avoient causé tant de plaisir ; mais que pen-
sera le public étonné et peut-être incrédule,
quand il apprendra que cette précieuse main
droite fut la seule et unique qui creusa et polit
le bois, forgea les clefs, tourna l'ivoire, qui
unit les joints et accomplit entièrement la façon d'un instrument sans égal, je le crois, en
invention et en perfection (1).

N'étant qu'un foible musicien, et étant encore moins mécanicien, je n'essaierai pas de
décrire en détail les particularités de la musique
et les divers arrangemens de la flûte sur laquelle
le constructeur et l'amateur exécutoit avec ses
quatre miraculeux doigts quelques-uns des
plus difficultueux *solo* de la composition de
*Verne* et de *Berbiguer*, qui étoient devant lui
sur la table. Rien ne peut être plus vrai, plus
gracieux ou plus surprenant que ne l'étoit cette
exécution. Rien de plus pittoresque ou de plus

(1) Ce nouvel instrument a été accueilli par le Con-
servatoire, les compositeurs et les musiciens les plus
distingués de Paris, comme une découverte précieuse
sous le rapport de la mécanique et de l'art musical. L'A-
cadémie royale des beaux arts a, dans sa séance du 13 juillet 1822, jugé digne de son approbation le nouveau perfectionnement de M. Rebsomen. La Société libre d'É-
mulation de Rouen, toujours empressée à encourager
les sciences et les arts, et à contribuer à leurs progrès,
a fait graver, dans son Recueil annuel de 1823, le dessein de la flûte *Solimane* et le tableau indicatif du
doigté. Cette flute a douze clefs et trois trous. Le méca-
nisme est disposé de manière, que ces clefs, dans la
plus grande vélocité de l'action, ne puissent nullement
se gêner.

intéressant que sa figure inclinée vers son
instrument, comme s'il eût été en adoration
devant son art. Je l'écoutai pendant plus d'une
heure, charmé par ses sons moelleux et argen-
tins qui retentissoient sur les murs élevés de
cet appartement, et étoient réfléchis par les
vibrations de la guitare, qui sembloit, comme
moi, réjouie des accords de la plus éloquente
harmonie.

Cet homme extraordinaire est un colonel
à demi-solde, au service de France, quoique né
Allemand (1). Ses membres reçurent leur brus-
que amputation de deux coups de canon con-
sécutivement tirés à la bataille de Hanau (2).
Depuis ce moment, hors de service, il est
venu dans cette retraite où il vit, « passant pour
» riche avec douze cents francs par an; » et
heureux que la nature l'eût doué de cette rare
combinaison d'un esprit mécanique et plein
de goût, tandis que l'art lui fournissoit la connoissance de la musique, sans laquelle sa vie
auroit été un fardeau. Je ne me considère
pas comme autorisé à entrer dans les parti-

(1) L'auteur anglois a commis ici une erreur qu'il nous
est doux de pouvoir réparer. M. REBSOMEN est François;
il est né à Paris; son père est du département du Haut-
Rhin.

(2) L'histoire de la double amputation supportée par
M. REBSOMEN sur le champ de bataille, se trouve dans
les Mémoires de chirurgie militaire et campagnes du
baron LARREY. On ne peut, en lisant ce récit, s'empêcher
de partager le vif intérêt que M. REBSOMEN inspira au
célèbre chirurgien dont il reçut les soins.

cularités de son histoire si abondante en événemens, et qu'il raconta avec une naïveté et
une candeur faites pour charmer une seconde
Desdemona ; mais pour ce qui est de son talent de jouer de la flûte, il me fit venir les larmes aux yeux par la manière touchante dont
il me raconta son désespoir lorsqu'il s'aperçut
qu'il avoit perdu un bras. La jambe étoit pour
lui un membre moins regrettable. Il n'est pas
besoin d'ajouter qu'il étoit enthousiaste en
musique, et qu'alors se croyant ainsi privé de
la meilleure jouissance de la vie, il se regardoit comme perdu. Dans les accès de fièvre du
sommeil arraché par intervalle à ses souffrances, il rêvoit habituellement qu'il assistoit à de
délicieux concerts, où il étoit, comme de coutume, un des principaux acteurs. Des sons
d'une harmonie plus que terrestre sembloient
circuler autour de lui, et sa flûte étoit toujours
l'instrument dominant. Il arrivoit fréquemment qu'au moment de la satisfaction la plus
grande, quelques-unes des inexplicables parties de ces songes se dérangeoient. Un de ces
sylphes peut-être, comme on le voit dans les
conceptions bizarres, mais ingénieuses, de
*Baxter*, aura coupé la corde qui produisoit
ces joyeuses visions. Il s'éveilloit en extase ; les
accords vibroient quelque temps dans son cer-
veau ; mais rappelé à la sensation par l'union
des souffrances corporelles et de l'affoiblisse-
ment de l'esprit, les restes du membre amputé
donnoient un démenti palpable à tous ces rêves
célestes, et le brave militaire mutilé pleuroit

comme un enfant le reste du temps. Je pense
que s'il vouloit se rendre en Angleterre, et y
paroître en public comme un artiste célèbre,
il feroit fortune; mais un noble orgueil le
lui défend, et il reste *à Arques*, où ceux qui
iront le visiter trouveront en lui un exemple
peu commun de talent, d'industrie et de philo-
sophie (1).

---

En conduisant l'étranger au pied des vieilles murailles du château d'Arques, nous nous
sommes abstenus de toute réflexion. Laissons,
avons-nous dit, chaque spectateur suivre le
libre cours de ses impressions, n'y mêlons
pas notre pensée; l'aspect du monument, des
rians côteaux qui l'environnent, et les sentimens que la nature a placés dans le cœur de
tous les hommes en diront plus que nos discours. Si l'auteur anglois dont nous venons de
donner le récit n'eût été distrait et attiré par
l'art admirable d'un brave colonel, amant heureux de la divine Euterpe; si la flûte de
M. REBSOMEN, si sa touchante et patriotique
histoire n'eussent captivé toute l'imagination
de l'écrivain étranger, il nous eût entretenus
plus longuement des idées morales que dut
lui inspirer son voyage.

Il n'y a pas encore un mois qu'en revenant

---

(1) M. le Chevalier REBSOMEN réside maintenant à
Dieppe.

d'Arques, et que suivant le chemin de la plaine
qui joint la route de Paris, nous rencontrâmes un vieillard qui venoit aussi de visiter un
territoire qui fut le théâtre de tant de combats renommés. L'après-dînée finissoit, il étoit
à peu près cinq heures, lorsque nous l'aperçûmes assis au bord du chemin, au pied d'un
pommier, sur un tertre couvert de gazon. Sa
physionomie, ses cheveux blancs, la simplicité de sa mise fixèrent nos regards. Il
tenoit deux livres sous son bras, et une canne
d'un bois étranger étoit à ses côtés. Comme
nous allions passer près de lui il se leva, et
nous prévenant par un salut, il nous demanda
si nous étions du pays, et si nous pouvions
lui dire à quelle distance il se trouvoit de la
grande route. Nous lui offrimes de l'y conduire;
bientôt la confiance qu'on éprouve dans les
champs, au sein des œuvres de la nature, et le
besoin qu'ont les hommes de se communiquer
leurs pensées, nous engagèrent à converser.
« En quittant les ruines du château d'Arques,
» nous dit-il, on m'engagea à prendre le che-
» min de la plaine, on me donna des indica-
» tions pour le suivre; mais je commençois à
» croire que je m'étois égaré, lorsque vous
» avez bien voulu m'offrir de vous accompa-
» gner. » Nous lui répondîmes que tous les
étrangers qui venoient à Dieppe s'empres-
soient d'aller à Arques, et nous lui citâmes
quelques parties de l'histoire du pays. « Les
» livres que je tiens sous le bras, ajouta-t-il,
» sont les *Mémoires chronologiques pour ser-*

» vir à l'histoire de *Dieppe* et de la *navigation.*
» Je viens de lire sur les lieux mêmes la des-
» cription de la bataille d'Arques; et tout en ad-
» mirant la valeur de Henri, j'ai frémi en pen-
» sant que dans ces guerres la victoire comptoit
» des François immolés à l'ambition de quel-
» ques grands. Quant au château d'*Arelanum*,
» il est probable que l'auteur se trompe lors-
» qu'il avance qu'il fut construit par les Ro-
» mains; mais sans m'arrêter à cette opinion,
» je me suis trouvé transporté dans l'anti-
» quité. L'idée des Romains m'a rappelé les
» anciens Gaulois; la vue de la forêt qui étoit
» devant moi a retracé à ma mémoire l'his-
» toire des Druides, j'entendois leurs voix
» impies commander des sacrifices humains,
» je voyois tout un peuple asservi cruellement
» au nom de la Divinité, j'ai aperçu un mal-
» heureux frappé d'anathême, errant de tous
» côtés, privé d'eau et de feu, et n'osant le-
» ver les yeux vers le ciel qu'il croyoit cour-
» roucé contre lui. Plein d'indignation et
» d'effroi, j'ai porté ma vue sur les murs rui-
» neux de la forteresse; il m'a semblé que
» j'entendois le cliquetis des armes, les cris
» de rage, que je voyois briller les lances et
» les glaives ;que les flots de sang couloient
» par les crevasses des murailles, et que le
» génie de la guerre encore un pied sur
» ces décombres s'élançoit vers une autre
» proie. Je me suis hâté de quitter ces lieux
» en faisant cette triste réflexion, que la car-
» rière des hommes est affreuse, toutes les

» fois que l'orgueil les rend sourds aux révé-
» lations que Dieu leur fit, dès les premiers
» âges du monde. J'ai beaucoup lu, beau-
» coup vu et j'ai senti de nouveau que l'his-
» toire ne cause de plaisir, que lorsqu'elle est
» éclairée par quelqu'un de ces rayons vivi-
» fians, qui font naître dans les cœurs des sen-
» timens en harmonie avec la bonté divine.
» J'ai cherché à rappeler à mon esprit des
» traits de bienfaisance; le poëme *de la Pitié*
» de notre DELILLE, qui a dit tant de choses en
» si beaux vers, a consolé mon imagination.
» Parmi plusieurs noms révérés et rendus im-
» mortels par le poète, celui d'HOWARD a fait
» renaître en moi des impressions que j'avois
» reçues dans la matinée,

   • Le magnanime Howard parcourt trente climats;
   » Est-ce la gloire ou l'or qui conduisent ses pas?
   » Hélas! dans la prison, triste sœur de la tombe,
   » Sa main vient soutenir le malheur qui succombe,
   » Vient charmer ces cachots, dont l'aspect fait frémir,
   » Dont les échos, jamais, n'ont appris qu'à gémir;

» car, je me suis ressouvenu qu'avant de par-
» tir pour Arques j'avois été voir au faubourg
» du Pollet les constructions d'une prison nou-
» velle, où les malheureux captifs pourront
» enfin respirer un air salubre et voir le ciel
» dont la vue produit toujours une impres-
» sion favorable. Béni soit l'homme bienfai-
» sant qui le premier proposa de faire sortir
» les détenus de l'horrible séjour où ils étoient
» renfermés. Mais si l'on s'occupe de rendre

» meilleur le régime des prisons, que n'a-
» vons-nous pas à désirer encore dans le mode
» des peines qu'en France on inflige aux cou-
» pables ! Je ne puis m'étendre sur ce sujet :
» comme moi vous savez que le caractère de
» la perfection dans les lois humaines, c'est
» d'être d'accord avec la loi divine ; or, la loi,
» trop souvent chez nous, a l'air de désespé-
» rer des hommes, au lieu que la religion les
» couvre sans cesse de l'égide du repentir (1).

---

(1) M. le marquis de MARBOIS, dont on connoît la per-
sévérante philantropie, fit vers la fin de 1823, à S. A. R.
LE DUC D'ANGOULÊME, protecteur et président de la société fondée pour l'amélioration des prisons, un rapport
sur l'état actuel de ces maisons dans les départemens du
CALVADOS, de l'EURE, de la MANCHE et de la SEINE-IN-
FÉRIEURE. Il résulte de ce rapport que *Dieppe* et *Cher-
bourg* sont les lieux de la NORMANDIE où les prisons
n'ont pas été améliorées dans leurs constructions et leur
régime sanitaire.

Effectivement, la prison ou maison d'arrêt de Dieppe,
dont on se sert encore, mais qui va être abandonnée,
glace le cœur à la simple vue. Qu'on se représente deux
tours distantes l'une de l'autre de dix à douze pieds, réunies
par un bâtiment étroit, une obscure galerie placée sur
le devant, quelques trous percés dans d'épaisses murailles et garnis de barres de fer, des souterrains où l'eau
pénètre, mais où l'air suffit à peine à la vie du prisonnier, et l'on aura une légère idée de cet épouvantable
séjour. Ce n'étoit que depuis quelques années qu'on
avoit transformé en préau un ancien abreuvoir.

On reconnoît l'esprit philantropique de notre siècle
dans la construction de la nouvelle maison d'arrêt. On
n'y verra pas de ces souterrains qui semblent avoir été
inventés par un infernal génie ; cependant nous nous

12*

Quelques instans avant votre arrivée près
» de moi, et en attendant des renseignemens
» du premier passant, je m'étois mis à cher-
» cher dans les *Mémoires chronologiques* quel-

---

permettrons une observation ; nous avons cru remarquer
que les cachots n'ont pas assez de jour, et pourtant on
doit savoir que la lumière est aussi utile à la vie que l'air
même.

La sollicitude qui veille aujourd'hui à l'amélioration
du sort des détenus annonce un heureux changement
dans nos mœurs et nous laisse entrevoir d'autres améliorations plus désirables encore.

Le besoin de ramener à la vertu une classe trop nombreuse de la grande famille occupe depuis long-temps des
hommes généreux ; un des plus éloquens d'entre eux, mais
qui sait combien il faut de temps pour que les législa-
tions s'améliorent, M. LANJUINAIS disoit : Au défaut de
lois, les remèdes sont, quand à présent, « dans l'inter-
» vention des sociétés pour le soulagement des prison-
» niers, dans le domaine des ordonnances et des règle-
» mens, dans la bonne volonté des ministres, des pré-
» fets, sous-préfets, maires et officiers municipaux, enfin
» dans la sagesse et la charité des aumôniers et autres
» ecclésiastiques. »

La voix du noble Pair n'est point tombée dans le champ
stérile, car le pouvoir de la philantropie s'est considé-
rablement accru dans notre belle France.

Nous regrettons beaucoup de ne pas connoître le nom
de celui qui, le premier, a demandé qu'on abandonnât
la prison actuelle. Heureusement tous les noms ne sont
pas cachés, et nous pouvons rendre hommage à M. L'HUIL-
LIER, receveur principal des *Contributions indirectes*,
à son zèle touchant pour adoucir le sort des détenus ;
citons aussi tous les membres du comité et MM. les cu-
rés : nous ne nous bornerions point à une note si courte,
si nous ne savions pas que la bienfaisance s'honore de
l'obscurité.

» ques traits qui appartinssent à l'amour de
» l'humanité. Je venois d'y lire un passage où
» il est question du Père FIDEL, gardien des
» capucins. Sa conduite fut fort belle pendant
» le bombardement de Dieppe, puisqu'il quitta
» le faubourg du Pollet, où le danger étoit
» moins grand, pour venir avec ses frères
» s'opposer aux progrès de l'incendie qui dé-
» voroit les maisons des malheureux habitans
» qu'on retenoit inutilement sur le rivage.
» Mais ce qui me touche surtout dans la vie
» du Père FIDEL, c'est de le voir, lors de la
» peste de 1668, avec un autre Père qui mal-
» heureusement n'est pas nommé dans les
» *Mémoires chronologiques* (1), se fixer dans
» le foyer même de la contagion pour donner
» aux malades des soins et des consolations.
» Ces exemples du plus sublime dévouement,
» et la malheureuse ville de Barcelonne nous
» en offroit dernièrement encore, devroient
» être gravés partout en traits ineffaçables,
» c'est-à-dire qu'il faudroit, dans les collèges,
» dans les écoles, dans la maison paternelle,
» les offrir aux enfans. De ces touchantes his-
» toires placées à côté de celles des Alexan-
» dre ou des César, sortiroient des leçons
» bienfaisantes qui ne seroient jamais ou-
» bliées. Le cœur des jeunes gens est fait pour
» aimer la vertu, et c'est en leur montrant
» tous ses charmes qu'on leur apprend à la

(1) Nos manuscrits l'appellent le Père MARTIAL.

» révérer sans cesse comme une douce mère
» qu'aucun événement de la vie ne peut leur
» ravir, car la vertu est immortelle comme
» leur ame. Je m'étonne comment le Père
» FIDEL, soignant les pestiférés, n'a pas fourni
» le sujet d'un beau tableau pour vos églises ;
» ce tableau devroit aussi être placé dans vos
» hôpitaux.

» Mais, nous dit le vieillard, il seroit à dé-
» sirer avant tout que l'hôpital de Dieppe pût
» donner asile à un plus grand nombre de
» malades ; c'est un des vœux que l'on forme
» en visitant cet établissement, lorsque, toute-
» fois, on adopte exclusivement l'opinion de
» ceux qui pensent que c'est seulement dans
» les hôpitaux que les malades indigens re-
» çoivent plus efficacement les secours de la
» charité (1).

---

(1) L'histoire de la fondation de l'hôpital de Dieppe qu'on nomme *Hôtel-Dieu* est fort obscure. Il paroît que cette institution de bienfaisance fut commencée par des *frères hospitaliers*. Ces frères s'adjoignirent les *sœurs hermites de Saint-Augustin*. Nos manuscrits prétendent que toutes les religieuses de cet ordre dépendoient de la maison de Dieppe, qui fut le premier établissement où elles se vouè-rent au soulagement des malades : l'hôpital étoit alors où est maintenant l'hôtel des Douanes dans la rue *Sailly*. Vers 1466, les frères accusés par la ville, de mal admi-nistrer les biens et revenus, soutinrent un procès et se retirèrent à *Janval* dans une vaste maison, où ils res-tèrent en qualité d'administrateurs de la *Léproserie de Janval*. Il paroît que les sœurs demeurèrent à Dieppe.

« En l'an 1562, disent les chroniques manuscrites,
» les revenus de l'*Hôtel-Dieu* se montoient à 529 liv.

» Ces mêmes réflexions s'adresseroient à
» l'*Hôpital Général*, où l'on offre une retraite
» aux personnes âgées qui ont péniblement
» traversé la vie sans pouvoir reposer leur
» vieillesse dans le sein de la piété filiale, et sans
» avoir tiré d'autres fruits de leurs travaux
» que les infirmités et l'indigence.

---

» 4 s., cinq chapons, cinq gélines ( poules ), six mines
» d'orge, un muid de sel blanc et un quarteron de ha-
» rengs saurs, à charge d'entretenir soixante-huit cou-
» ches fournies de draps et couvertures. Le surplus étoit
» suppléé par des aumônes et des donations volontai-
» res. » Les revenus de la *Léproserie de Janval* dont
l'*Hôtel-Dieu* semble avoir eu jouissance à cette époque,
consistoient en 534 liv. 2 s., douze mines d'orge, qua-
rante-six boisseaux de sel *délié* et une once de poivre.
Henri III et Henri IV accordèrent plusieurs avantages
à l'*Hôtel-Dieu*.

Ce fut en 1626 que cet hôpital fut établi où on le voit
aujourd'hui. Pour subvenir aux frais de construction, on
mit en loterie de la vaisselle d'argent, des tableaux, de
la soierie, de la mercerie, formant en tout une valeur
de 9,000 liv. On y joignit une somme de 3,000 liv. provenant de la vente des fonds de l'ancien hôpital. Les religieuses se donnèrent une nouvelle constitution et prirent le nom de *Sœurs de la Miséricorde de Jésus*.

Quelques villages des environs avoient droit, à cause
de donations, à envoyer des malades à l'*Hôtel-Dieu*.

Après la révolution les *Dames de Saint-Augustin* rentrèrent dans leur ancienne maison ; mais les revenus de
l'*Hôtel-Dieu* ne sont pas en rapport avec les besoins de
la classe indigente si nombreuse à Dieppe. On ne peut
guères recevoir plus de trente malades à cet hôpital.
Nous ne comptons pas dans ce nombre les militaires et
les marins, parce que l'*Hôtel-Dieu* reçoit une indem-
nité pour ce service.

Malgré les foibles ressources qui sont à leur disposi-

» Citons encore Delille, à mon âge on aime
» à citer, lorsqu'on a le bonheur d'avoir con-
» servé la mémoire :

« ..... Quels accens plaintifs ont frappé mes esprits.
» J'entends, je reconnois vos lamentables cris,
» Enfans infortunés, famille illégitime,
» Que le crime a fait naître et qu'immola le crime.
» Ah si les sages même ont pleuré quelquefois

---

tion, les administrateurs font tous leurs efforts pour amé-
liorer le matériel de l'établissement. Déjà une grande
partie des couches sont montées en fer, et l'on attend
le jour où l'on pourra établir une salle au premier étage,
position préférable à celle du rez-de-chaussée, bien
qu'on ait élevé le sol autant que possible. Il seroit également à désirer qu'on pût faire l'acquisition d'une ou
deux maisons voisines afin d'entourer l'hôpital d'un
grand espace, où l'air circuleroit librement.

Les malades sont visités par un chirurgien, M. MOREL
père, et par un docteur en médecine, M. LEFRANÇOIS.
En citant M. le docteur LEFRANÇOIS, nous rappelle-
rons les services qu'il rendit conjointement avec feu le
docteur JULLIEN, au premier établissement des bains de
mer de Dieppe, nous citerons également leurs collèges dont le zèle mérite pareillement des louanges. C'est
en 1812 que M. le docteur LEFRANÇOIS présentoit à
la Faculté de médecine de Paris, une brochure inti-
tulée COUP-D'OEIL MÉDICAL SUR L'EMPLOI EXTERNE ET
INTERNE DE L'EAU DE MER. Les divisions avoient pour
titre :

1°. *Propriétés physiques et chimiques de l'eau de mer.*
2°. *Effets de l'eau de mer appliquée sur l'organe cutané
et prise à l'intérieur.* 3°. *De l'emploi des bains de mer,
comme moyen hygiénique.* 4°. *Maladies pour le traitement
desquelles on peut employer l'eau de mer.* 5°. *Préceptes généraux sur l'emploi externe et interne de l'eau de mer.* Les
raisonnemens développés dans cette thèse engagèrent
plusieurs médecins de Paris à employer les moyens cu-
ratifs sur lesquels notre concitoyen rappeloit l'attention.

» L'enfant né sous le dais, dans la pourpre des rois,
» Et si pour lui du sort ils ont craint les injures,
» Qui peut voir, sans pitié, ces frêles créatures,
» Ces enfans de l'amour que la honte a proscrits?

» J'ai visité dernièrement votre *Hospice Gé-*
» *néral* où l'on élève ces malheureux enfans
» au milieu du refuge de la triste vieillesse.
» A Rome, beaucoup de riches vieillards
» adoptoient des jeunes gens, et leur don-
» noient un rang et de la fortune; il pourroit y
» avoir également ici des adoptions. Pourquoi
» le vieillard plein d'expérience ne s'attache-
» roit-il pas un jeune orphelin pour lui ap-
» prendre ce qu'il devra rechercher ou fuir
» dans le monde où il entrera un jour? L'ami-
» tié viendroit charmer cet asile, et les douces
» affections, dont le souvenir est si durable,
» guideroient encore le jeune homme long-
» temps après que son vieil ami ne seroit plus.
» Quelle scène cruelle lorsque cette sépara-
» tion auroit lieu! On verroit l'orphelin ab-
» sorbé dans la douleur, près du cercueil du
» vieillard; mais alors on lui diroit: « Mon
» fils, vous n'avez pas tout perdu, si toute
» votre vie vous gardez le souvenir des con-
» seils que vous donna celui que vous pleu-
» rez. » Que d'infortunes on peut consoler,
» que de destinées l'on peut embellir, à quels
» résultats importans pour le bonheur des so-
» ciétés on peut arriver, en puisant dans la
» source féconde du sentiment! On donneroit
» à ces orphelins des trésors que les riches
» ne laissent que trop rarement à leurs enfans.

» Je n'ai pu voir sans plaisir l'ordre avec
» lequel cette maison est tenue. Ici, comme
» dans l'autre hôpital, on remarque d'abord
» une brillante propreté. Les enfans, les vieil-
» lards sont bien vêtus; différentes occupa-
» tions paisibles entretiennent une douce acti-
» vité qui plait; on reconnoît qu'un génie
» bienfaisant préside dans cet asile, et l'esprit
» se tranquillise sur le sort des enfans en bas
» âge qui sont encore répandus dans les vil-
» lages voisins chez des nourrices choisies (1).

---

(1) L'*Hôpital Général* de Dieppe fut fondé par des lettres patentes de Louis XIV du 17 août 1668. C'est dans
ce titre que les Dieppois sont cités comme les plus hardis
navigateurs et comme ayant fait la découverte des pays
les plus éloignés. Si ces lettres patentes peuvent servir
à l'histoire de leurs navigateurs, ils le devront à l'établissement d'un monument philantropique, tant il est
vrai que le bien porte toujours avec soi des récompenses.
L'établissement de l'*Hôpital général* eut pour but de re-
cueillir les pauvres et de détruire la mendicité. Tous les
mendians y étoient conduits, et on leur donnoit à travailler. L'hôpital qui fut d'abord au Pollet reçut le nom
d'Hospital général de la Charité Saint-François de
Dieppe; Louis XIV affecta audit hôpital *tous les biens,
revenus et dépendances de l'Hôtel-Dieu de ladite ville et
des pauvres valides, les taxes par cotisation qui se font
chacun an sur lesdits habitans; en conséquence de la
déclaration du mois de février 1622..... Ensemble le revenu de la fondation faite par ledit défunt, sieur Veron,
toutes les aumônes faites par les communautez et par
autres de quelque nature qu'elles soient, et généralement
tous les deniers et revenus destinez en quelque façon
que ce soit aux pauvres de ladite ville, pour être régis
et administrez par une seule et même direction, etc. etc.*
Le bienfaiteur Veron dont le nom vient d'être cité,

» En sortant de cet hôpital, on se félicite de
» ce que les vœux de Delille soient accomplis :

» Remplacez par vos soins la pitié maternelle.
» Conquérez à l'État ces enfans malheureux,
» Que l'école des arts soit ouverte pour eux :
» Donnez, pour les rejoindre à la grande famille,
» Au jeune homme un métier, une dot à la fille.
» . . . . . . . . . . . . . . . . . . . .
» . . . . . . . . . . . . . . . . . . . .
» Ainsi la bienfaisance accueille la misère,
» Le riche est leur parent, la patrie est leur mère.

   » Mais, hélas! je le répète, les ressources
» de ces deux établissemens sont trop foibles
» pour subvenir aux besoins de la population
» de votre ville. Le bureau de bienfaisance ne
» peut accorder que quelques palliatifs.
   » J'ai ouï parler de la maison des aliénés ;

---

étoit prêtre de la paroisse d'*Offranville*, Docteur en Sor-
bonne et Conseiller ecclésiastique. Il avoit donné 1,500
liv. de biens fonds en faveur des pauvres d'*Offranville*.
Un des parens du prêtre VERON avoit droit à faire partie
de l'administration.
   Le sieur BRUNEL, né à Dieppe, curé de la *Chapelle-
du-Bourgay*, donna une partie d'une ferme sise au *Bour-
gay*, estimée 500 liv. de revenu annuel.
   Le sieur LORIN, chapelain de l'hôpital, donna des biens
ainsi que sa famille à l'*Hôpital Général*.
   La première directrice fut *Jacquette* MARAIS ou MA-
RETS qui donna à son entrée plus de 300 liv. de patri-
moine. Cette dame sortoit de l'hôpital des pestiférés où
elle avoit donné l'exemple de la plus fervente charité.
Cette femme si courageuse lorsqu'elle secouroit les pestiférés mourut de la frayeur que lui causa un orage accompagné des éclats du tonnerre.
   Cet hôpital est desservi par les *Dames de Saint-Tho-
mas de Villeneuve*.

» j'ai voulu également les voir. Je les ai trou-
» vés dans de mauvaises loges; je me suis ré-
» crié sur leur état : on m'a répondu qu'ils
» étoient incurables, et qu'on envoyoit à
» Rouen tous ceux qui offroient quelque
» chance de guérison : le cœur m'a saigné.
» Que de réflexions à faire sur ce sujet! »

Nous dîmes au vieillard : « Puisque vous
» cherchez à connoître tout ce qui se
» rapporte à la bienfaisance, nous vous di-
» rons, en peu de mots, l'histoire de made-
» moiselle Estancelin, fille d'un échevin de
» notre ville. Ce que nous allons vous ap-
» prendre n'est cité nulle part, et n'est même
» connu à Dieppe que d'un petit nombre de
» personnes.

» Mademoiselle *Marguerite* Estancelin de-
» meuroit près de l'*Hôtel-Dieu.* Chaque jour
» elle étoit témoin de l'état de misère des
» malheureux qui, à leur sortie de l'hôpital,
» ne trouvoient aucune ressource. En deux
» années, à force d'économie et de priva-
» tion, elle forma une somme de 3,000 livres
» qu'elle plaça sur l'Hôtel-de-Ville, et qui
» formèrent une rente de 150 liv. destinée à
» secourir ceux qui, après avoir échappé aux
» dangers d'une maladie, se trouvoient, en
» quittant leur lit de douleur, en présence
» de l'indigence.

» Elle établit aussi dans Dieppe les *Filles de*
» *la Charité* ou *Sœurs grises.* Pour cette fon-
» dation elle vendit 40,000 liv. de ses biens,
» et cette somme produisit 2,000 liv. de rente.

» Le curé de Saint-Jacques, nommé LEFORT,
» voulant aider mademoiselle ESTANCELIN
» dans cette charitable institution, amassa des
» fonds et fit l'acquisition d'une maison dans
» la rue *Béte - Vétue*, où les sœurs furent
» logées.

» Ces sœurs étoient tenues de donner cha-
» que jour la soupe aux pauvres qui se pré-
» sentoient. Elles pansoient les blessés et soi-
» gnoient les malades indigens qui ne pou-
» voient être admis à l'*Hôtel-Dieu.*

» Que d'orphelins cette bonne demoiselle
» tira de la misère! Un pauvre chapelain de l'*Hô-*
» *tel-Dieu*, nommé l'abbé BROCARD, perdit sa
» sœur qui laissa sept enfans. Il se priva du plus
» strict nécessaire, il se réduisit à coucher sur
» des planches, employant toutes les res-
» sources pour nourrir sa petite famille; ce-
» pendant il ne pouvoit y suffire. L'ange des
» malheureux vint à son secours, et, le pau-
» vre chapelain étant mort, mademoiselle Es-
» TANCELIN se chargea entièrement d'élever
» les enfans qui connurent à peine qu'ils
» étoient orphelins.

» Cette vénérable demoiselle mourut le 5
» octobre 1798. »

« Il n'est que trop d'actes de bienfaisance,
» nous répondit notre compagnon de voyage,
» qui ne sont pas recueillis par ceux qui écri-
» vent. On trouve peu de faits comme ceux
» que vous venez de me citer; mais il paroît
» que votre ville peut s'honorer d'avoir pos-
» sédé un grand nombre de personnes cha-

» ritables. J'ai entendu parler d'un curé de
» *Saint-Remi*, nommé Coignard, qui faisoit
» le bien de la manière la plus évangélique.
» Il paroît même que ce n'étoit pas seulement
» aux pauvres reconnus pour tels qu'il bor-
» noit sa sollicitude, car, plus d'une fois, et
» sans faire connoître d'où venoit le bienfait,
» il releva le crédit de quelques marchands
» menacés d'un revers de fortune. Il est d'au-
» tres noms encore, entre autres celui de ma-
» dame Boullenc, qui, dans des temps de
» triste mémoire, mourut martyre de la bien-
» faisance et de la vérité.

» Je sais que l'auteur des *Mémoires chro-*
» *nologiques* n'a pu inscrire tous ces actes dans
» son recueil; on n'y trouve pas non plus l'his-
» toire du pilote Bouzard dont le dévouement
» devint célèbre sous le règne de Louis XVI.
» Quelques observations que j'ai entendues
» sur ce sujet de la bouche de vieux matelots
» de votre ville m'auroient fait désirer qu'un
» historien impartial en eût dit quelque chose.
» J'ai cherché les ruines de la maison qu'on
» avoit construite au Brave Homme, sur la jetée
» de Dieppe; on m'a montré une maison nou-
» velle qui fut élevée pour récompenser les
» services de son fils. Il m'a semblé que ce
» monument étoit devenu la boutique d'un
» limonadier.

» Puisque je suis revenu sur les *Mémoires*
» *chronologiques*, ajouta-t-il, je vous prie-
» rois de me dire pourquoi j'y vois M. Ser-
» vin, avocat célèbre et auteur d'une histoire

» de Rouen estimée, au nombre des Dieppois
» illustres, tandis qu'un *Indicateur* de Rouen
» le réclame pour cette dernière ville. »

Nous répondîmes « que l'*Indicateur* de
» Rouen avoit commis une erreur, que M. Ser-
» vin étoit né à Dieppe, et que nous pour-
» rions le prouver, si l'on élevoit le moindre
» doute. »

« Vous avez probablement à Dieppe, re-
» prit le vieillard, une bibliothèque publique
» où se trouvent les œuvres de tous les écri-
» vains célèbres auxquels votre ville donna
» le jour. Autrement j'aurois un plaisir de
» moins, car j'aime à lire, quand j'en trouve
» l'occasion, les ouvrages des auteurs dans le
» lieu même de leur naissance. On retrouve
» quelquefois dans ces lieux des traces des
» impressions qui influèrent sur le génie de
» l'écrivain. J'ai déjà parcouru à Dieppe les
» œuvres de *Jean* Doublet, sa traduction
» des *Mémoires de Xénophon*, ses *Élégies*,
» ses *Épigrammes traduites du grec et du
» latin.* Parmi ces épigrammes il y en a une que
» je trouve remarquable, c'est celle de l'*Her-
» maphrodite* qu'il a tirée du latin de Pulci. »

Au moment où la conversation changeoit de
sujet et devenoit littéraire, nous arrivions près
du cimetière qui borde le grand chemin. Nous
aperçûmes la bière d'un enfant qu'on portoit
au dernier dortoir; de jeunes garçons sui-
voient en fondant en larmes, et nous apprîmes
qu'ils pleuroient un de leurs frères que la *petite vérole* venoit de leur ravir.

« Hélas ! s'écria le vieillard, une victime de
» plus immolée par le préjugé ! Malheureux
» parens, vous recevriez encore les caresses
» de votre enfant, si vous aviez osé écouter
» la voix des médecins, des magistrats et de
» vos pasteurs; une *légère piqûre* l'eût pré-
» servé de la mort et des longs tourmens de
» la plus horrible maladie : n'accusez que
» vous-mêmes, car tous les moyens pour faire
» vacciner vos enfans vous sont offerts, et il
» est peu de villes, je le sais, où les médecins
» déploient plus de zèle qu'à Dieppe pour com-
» battre la contagion qui, chaque année, cha-
» que jour, à chaque heure, menace ce que
» vous devez avoir de plus cher. »

Cependant nous rencontrâmes le fils et les
petits-fils du vieillard qui venoient au-devant
de lui. Nous fûmes témoins d'une scène touchante : à la vue de ses petits-enfans, après le
tableau qui venoit de s'offrir à ses yeux, il
parut éprouver plus de chaleur encore dans
ses affections. Nous quittâmes notre compagnon de voyage, mais nous l'entendions dire
à sa jeune famille : « Mes enfans, vous savez
» qu'il y a bien des malheureux à Dieppe;
» sans doute, en mon absence, vous aurez
» trouvé l'occasion de faire quelque bonne
» œuvre; pourrez-vous dire, avant que de
» vous livrer au sommeil : Je n'ai point perdu
» ma journée ? »

FIN.

# TABLE.

13

*Bernardines* ( monastère de ). *Voy.* Arques.

*Bertheville*, l'auteur des Mémoires chronologiques et les Chron. ms. prétendent qu'un château de ce nom fut construit par Charlemagne, là où existe le château de Dieppe, 9. Les mêmes auteurs prétendent encore que ce fut le premier nom de la ville de Dieppe, 10.

*Béthencourt*, navigateur, forme un établissement aux Canaries, note de la page 16.

*Bienfaisance*, traits de bienfaisance, p. 181, 186, 187 et suiv.

*Bombardement. Voy.* Dieppe.

*Bonne-Nouvelle*, près du Pollet, au-dessous du village de Neuville; ruines romaines dont la place est indiquée sur le plan de Dieppe de 1824. Vases d'un travail et d'un dessin plus finis que ceux de Saucemare, 6.

*Botanique. Voy.* Plantes marines, Parcs, Route d'Arques.

*Bruzen de la Martinière. Voy.* Hommes célèbres.

*Calvinisme*, à Dieppe; causes de la rapidité de ses progrès, 39. Note sur l'ancien temple des protestans (*id.*). Action d'une servante, 40. Conduite du gouverneur Sigognes (*id.*).

*Camp de César*, ou Cité de Limes, 7. Dissertation de l'abbé Fontenu (*id. et suiv.*). Ce monument ressemble moins à un camp romain qu'à un Oppidum des Gaulois, 9.

*Canal* de navigation, 96.

*Canonniers* bourgeois, anciens arquebusiers, note de la page 154.

*Caude-Côte* ( chapelle de Saint-Nicolas de ), note de la page 36.

*Chalut. Voy.* Pêches.

*Chapelle* de Saint-Guinefort. *Voy.* Arques.

*Charte* (la) de fondation de la Trinité du mont Sainte-Catherine, près de Rouen, semble nous faire le tableau du bas de la vallée d'Arques en 1030, 12.

*Château* d'Arques. *Voy.* Arques.

*Château* de Dieppe; diverses époques de sa construction, note de la page 22.

*Filature* d'Arques. *Voy.* Arques.

*Filets*, diverses espèces de filets. *Voy.* Pêches.

*Flûte*, le Manchot joueur de flûte à Arques, 163. Flûte de M. Rebsomen, 172.

*Folles*, espèce de Filets. *Voy.* Pêches.

*Fontaines*, travaux dignes des anciens, 35. Montagne percée (*id.*). Note sur la source de Saint-Aubin-sur-Scie (*id.*). Le clergé et le peuple vont en procession recevoir les premières gouttes d'eau qui tombent de la fontaine du Puits salé (*id.*). Ancienne fontaine de la place d'armes, 36. Ancienne fontaine du château, note de la page 36.

*Fort Châtillon*, dont la place est indiquée dans le plan de 1824, détruit par ordre de Louis XIV, 42.

*Fort du Pollet*, dont la place est indiquée dans le plan de 1824, détruit par ordre de Louis XIV, 42.


*Galet*. Sa formation, son cours. Note de la page 106.

*Gouye* (Thomas). *Voy.* Hommes célèbres.

*Gouye* de Longuemarre. *Voy.* Hommes célèbres.

*Grimpesulais* } *Voy.* Assomption.
*Gringalet*

*Guillaume* le Conquérant. *Voy.* Arques, Deep.

*Guillaume*, oncle de Guillaume-le-Conquérant, *voy.* Arques.


*Hareng. Voy.* Pêches.

*Hébert*, bienfaiteur de Dieppe. Note de la page 96.

*Hommes célèbres*. Bruzen de la Martinière, géographe, 44. Crasset, historien (*id.*). Despréaux, historien, 45. Declieu, gouverneur de la Martinique (*id.*). Doublet, poète, 191. Dulague, hydrographe, 45. Duquesne, lieutenant-général des armées de mer (*id.*). Gelée, médecin, 47. Gouye. T., astronome (*id.*). Gouye de Longuemarre, historien, 48. Houard, savant légiste (*id.*). Noel, auteur d'œuvres pleines de mérite et d'un grand ouvrage sur les pêches qu'il n'a pu achever, 49. Pecquet, médecin (*id.*). Richer, poète (*id.*). Simon, savant loué par Voltaire (*id.*).

( 199 )

*Hospice général,* époque de sa fondation, asile des vieillards et des enfans trouvés, 185 et suiv.

*Hôtel-Dieu,* on n'y peut recevoir qu'un trop petit nombre de malades; améliorations désirables, 182.

*Houard. Voy.* Hommes célèbres.

*Huîtres. Voy.* Parcs.

*Hydrographie,* école d'hydrographie à Dieppe, 43. Note sur Descaliers, Cousin et Caudron (*id.*).

*Islande. Voy.* Pêches.

*Ivoiriers. Voy.* Commerce.

*Journal* du capitaine Parmentier. *Voy.* Navigateurs.

*Lemoyne,* ancien maire de Dieppe. Note de la page 94.

*Littérature. Voy.* Puy.

*Maîtrise* des eaux et forêts. *Voy.* Arques.

*Maladrerie* de Saint-Etienne. *Voy.* Arques.

*Mannet,* espèce de filet. *Voy.* Pêches.

*Manufactures. Voy.* Commerce.

*Maquereau. Voy.* Pêches.

*Marins Dieppois* remportent une victoire signalée sur les Flamands, 33.

*Martin-Eglise.* Pierre sépulcrale du curé de Limes, note de la page 8. *Voy.* aussi Arques, récit de la bataille.

*Médailles. Voy.* Sainte-Marguerite-sur-Mer, Saucemare.

*Morue. Voy.* Pêches.

*Mosaïque. Voy.* Sainte-Marguerite-sur-Mer.

*Nautile,* vases faits avec le Nautile, note de la page 21.

*Navigateurs.* C'est surtout sous le point de vue nautique que l'histoire de Dieppe doit offrir de l'intérêt, 16. L'incendie de l'hôtel de ville détruit les preuves des découvertes de nos navigateurs, 17. Louis XIV reconnoît les Dieppois pour ceux qui ont fait les premières découvertes des pays les plus éloignés, 18. Journal du capitaine Parmentier retrouvé par M. L. Estancelin, 19.

FIN DE LA TABLE.